U0179872

中国工程科技前沿交叉战略研究中心
智库成果系列丛书

工程科技前沿战略研究

（第一辑）

张 军 隋秀峰 等／著

科学出版社

北 京

内 容 简 介

《工程科技前沿战略研究（第一辑）》紧密结合中国建设社会主义现代化国家的战略与需求，对工程科技前沿领域的若干战略问题进行了深入研究，面向我国民用雷达、大规模智能网络教育、陆空协同多模态智能机器人等领域进行了深入探讨，综述了各领域的发展现状，分析了主要瓶颈问题，展望了发展目标，并提出了推动各领域高质量发展的政策建议。

本书是中国工程科技前沿交叉战略研究中心组织院士专家开展战略研究所取得的重要成果，涉及民用雷达、网络教育、智能机器人等多个领域，涉及面广，可为政府部门制定发展规划提供参考，供学术界、科技界、产业界及广大社会公众参阅。

图书在版编目(CIP)数据

工程科技前沿战略研究. 第一辑 / 张军等著. —北京：科学出版社，2024.3

（中国工程科技前沿交叉战略研究中心智库成果系列丛书）

ISBN 978-7-03-078063-8

Ⅰ. ①工… Ⅱ. ①张… Ⅲ. ①工程技术–发展战略–研究–中国 Ⅳ. ①TB-12

中国国家版本馆 CIP 数据核字（2024）第 040267 号

责任编辑：陈会迎 / 责任校对：贾娜娜
责任印制：张 伟 / 封面设计：有道设计

科 学 出 版 社 出版
北京东黄城根北街 16 号
邮政编码：100717
http://www.sciencep.com

北京中科印刷有限公司印刷
科学出版社发行 各地新华书店经销

*

2024 年 3 月第 一 版 开本：720 × 1000 1/16
2024 年 3 月第一次印刷 印张：13 3/4
字数：270 000
定价：178.00 元
（如有印装质量问题，我社负责调换）

目　　录

第三篇　陆空协同多模态智能机器人系统发展战略研究

我国民用雷达发展战略研究

毛二可 龙 腾 胡 程

当前人类正在进入一个"人机物"三元融合的万物智能互联时代，传感器是万物互联感知环节的核心技术。雷达系统是未来万物智能互联的重要传感手段，可探测"空天地""人机物"等多维、多层次信息，并可发挥多点触控、交互功能，显著拓展人们对时间、空间的认知范围，是大国博弈科技竞争的焦点、数字经济发展的重要基石、国家重大战略需求的重要保障、为人民生命健康保驾护航的新型手段，可全面、深入落实"四个面向"，服务国家战略。

民用雷达已被广泛应用于空天海洋、综合交通、公共安全、医疗健康等重要领域，并成为世界各个国家和地区竞相发展的重要领域。美国、欧洲、日本等国家和地区对民用雷达布局早、投入大，形成了各自的优势雷达系统，是多个领域民用雷达技术的先驱，也形成了相应领域的产业优势。与国外相比，我国民用雷达布局较晚，技术和产业整体落后于国外。

北京理工大学依托中国工程院咨询研究项目开展相关发展战略研究，于 2019 年 12 月至 2021 年 1 月期间，通过与党政机关、行业用户、科研院所、民营企业、高等院校、地方政府等 25 家单位开展座谈与研讨，并结合国家标准馆、行业市场调研报告中的权威数据，围绕我国民用雷达发展战略问题进行深入研究，形成本篇。本篇主要内容包括民用雷达发展战略意义与愿景、现状与瓶颈、发展战略构想及战略发展建议。

第1章 民用雷达发展战略意义与愿景

1.1 民用雷达战略意义

当前世界正值新一轮科技革命和产业变革之际，人类正在进入一个"人机物"三元融合的万物智能互联时代。万物互联网是由物体、数字设备、数字个人、数字企业、数字政府和数据资源等要素，借助数字平台，通过数字流程相互连接而成的复杂网络生态系统。万物互联将信息转化为行动，给个人和企业带来了更加丰富的体验和功能，给国家创造了前所未有的经济发展机遇。

构成万物互联核心概念的物联网由感知、信息传送、信息处理三大环节组成。在感知环节，传感器是核心技术和发展重点。雷达是通过发射电磁波和接收目标反射回波来发现目标并测定目标空间位置的设备。雷达的传感属性，具有非接触、全天时、全天候、大范围感知的重大优势，使其正成为并继续成为多要素感知触角，并成为万物互联发展的重要传感手段，可显著拓展时间、空间和人们的认知范围。

雷达感知信息的核心作用方式之一为"探测"。凭借强大的"探测"功能，雷达可感知极远和极近的目标的精细信息，获取"空天地""人机物"等多维、多层次信息，其获取的信息可包括太阳系内的天体、地球大气空间、地球海洋空间、地球地质空间、城市立体空间、交通空间等大中尺度范围信息，还包括生物体征信息和活动信息等微小尺度的精细信息。

雷达感知信息的核心作用方式之二是在"探测"基础上的进一步"交

互"。基于出色的生命体征和运动信息感知能力，雷达成为"人机物"交互的重要纽带，且交互的方式不断变革升级。以姿态、姿势为代表的人体运动信息和以呼吸心跳为代表的生命体征信息，使雷达可发挥多点触控功能，实现在任何显影介质或表面的多点交互功能，在可穿戴设备、智慧家居、智能安防、智能交通、智慧医疗乃至智慧城市中发挥不可或缺的信息传输与控制作用。

雷达感知信息的核心作用方式之三是基于"探测"和"交互"实现的"融合"。"全媒体传播"是万物互联时代的重要特征，雷达与热敏传感、光敏传感、力敏传感、湿敏元件、声敏元件等多种传感系统一并成为万物互联传感系统的重要节点和核心组成部分。基于全天时、全天候、抗干扰、高灵活性、高隐私保护性的优势，雷达具有其余传感器不可替代的优势，包括雷达信息在内的多种传感信息交叉与融合是万物互联时代"人机物"协同处理的基础。

因此，雷达是万物互联中不可或缺的、"无处不在"的智能感知触角。

雷达早期主要应用于军事领域，但由于其强大的感知能力，雷达目前已广泛应用于人类生产、生活等各个领域。民用雷达已全方位渗透到世界科技前沿、经济主战场、国家重大需求、人民生命健康等多个领域，可全面、深入落实"四个面向"，服务国家战略。

1.1.1 民用雷达已成为大国博弈科技竞争的焦点

民用雷达蕴含多项高精尖科技，美国、欧洲、日本等围绕民用雷达重大科技领域进行了深远的布局，并持续进行了大量的人力、物力和财力投入。

美国十分重视雷达前沿科学技术的研究，并为此投入了大量人员，设置了诸多专项研究，注入了雄厚的资金。美国各个领域民用雷达的研究团队和专项计划的成立时间均位于世界前列，包括空天海领域的"深空网"深空探测雷达研究计划（1958年），公共安全领域的气象雷达现代化计划（1988～2000年）、SeaSat合成孔径雷达（synthetic aperture radar，SAR）

卫星（1978 年）、"全球农业监测计划"（2002 年起）等。得益于深谋远虑的布局谋篇、全方位大量的投入，美国在民用雷达领域取得了多个全球第一，它是世界上首个建立地基天文雷达（1958 年）、首个发射 SAR 卫星（1978 年）以及首个完成雷达全球地形测绘（2000 年）的国家。

欧洲也通过欧盟联合各国在民用雷达方面进行了长远的部署，其对综合交通和公共安全领域的民用雷达的投入颇多，效果非常显著。在综合交通领域，用于指导民航探鸟雷达的"欧洲鸟击委员会"（后改名为"国际鸟击委员会"）成立于 1966 年，汽车雷达技术研究起源于 1973 年，1986 年在"欧洲高效安全交通系统计划"的指导下开始蓬勃发展。在公共安全领域，欧盟 2003 年启动"全球环境与安全监测计划"，致力于推动包括雷达在内的 SAR 系统研制。目前，欧洲的汽车雷达、SAR 卫星处于世界顶尖水平。

除此之外，日本、加拿大、澳大利亚等国家也纷纷加入了民用雷达国际竞争赛道，在综合交通领域如汽车雷达，以及公共安全领域如 SAR 卫星、气象雷达、农业雷达等方面完成了布局，形成了独特的领先优势。

我国也十分重视民用雷达的研发，通过响应军民融合发展战略来推动民用雷达的发展，并成立了相关行业组织，出台了相应的政策规划。经过雷达军民融合的长期推进，部分民用雷达企业依托研究所的产业资源纷纷成立，包括四创电子股份有限公司、国睿科技股份有限公司等，使得我国民用雷达的技术革新与产业升级快速推进。目前，我国实现了大部分气象雷达的国产化，并于 2016 年底完成 233 部新一代天气雷达建设；空管雷达的国产化进程推进也极为迅速，2023 年 5 月民航空中交通监视设备中，国产类别占比为 75.5%，相比 2016 年 3 月的 56.8%，提高接近 20 个百分点，可以看出军民融合的成效非常明显。在行业组织方面，主要是通过中国雷达行业协会发挥行业管理、企业服务、合作交流等重大作用。中国雷达行业协会成立于 1990 年，是由中国雷达及相关电子信息工程领域的科研单位、生产单位、高校、使用单位等自愿组成，由民政部注册登记的国家一级社团组织，截至 2023 年 6 月协会成员达到 300 家。目前，我国陆续出台多项民用雷达专项规划以支持其发展，其中综合交通和公共安全领域的民用雷达尤其受到关注，包括汽车雷达、气象雷达、星载 SAR、农业雷达。2017 年，《〈中国制造 2025〉重点领域技术创新绿皮书——技术路线图（2017）》将汽车雷达系统列为智能网联汽车的关键零部件。2005 年至 2021 年，国家发展和改革委员会已批复实施了三期气象雷达规划项目。2010 年，我国批准启动实施高分辨率对地观测系统重大专项。2015 年，我国出台《国家民用空间基础设施中长期发展规划（2015—2025 年）》，明确提出"建设高分辨率光学、中分辨率光学和合成孔径雷达（SAR）三个观测星座"。2021 年，我国发布《全国动植物保护能力提升工程建设规划（2017—2025 年）》，明确提出"建设全国农作物病虫疫情监测中心、15 个空中迁飞性害虫雷达监测站"。

因此，民用雷达已成为大国博弈科技竞争的焦点，新时期民用雷达的发展可推动世界科技前沿的突破，具有重要的科技战略意义。

1.1.2　民用雷达已经成为数字经济发展的重要基石

数字经济是人类通过大数据（数字化的知识与信息）的识别—选择—过滤—存储—使用，引导、实现资源的快速优化配置与再生，实现经济高质量发展的经济形态。民用雷达广泛应用于人类生产、生活中的各个行业，涉及大量数据的产生、存储与使用，具有庞大的市场规模，预计市场前景将进一步扩大。民用雷达可助力我国经济高速发展，是我国数字经济发展的重要基石。

随着民用雷达技术的成熟，民用雷达的产业化也日渐成熟，形成了巨大的产业规模。目前交通领域和卫星遥感领域雷达的应用处于蓬勃发展时期，预计雷达在智慧农业、医疗监护、智能家居、智能安防、工业自动化领域将迎来井喷式的市场发展。根据湖南贝哲斯信息咨询有限公司与智研数据研究中心提供的数据测算，预计到 2025 年，我国公路交通、卫星遥感、智慧农业、智慧家居、智慧安防、智慧医疗等新兴领域的民用雷达市场需求容量将超过 1300 亿元，其衍生的相关下游应用的产业规模更是不可估量。

当前，交通领域雷达的用户数量和市场规模尤为庞大。汽车雷达、公路交通雷达、船舶雷达是交通领域民用雷达产品中市场规模较大的几个代表。在汽车雷达方面，中国汽车工业协会数据显示，2022 年我国汽车销量超 2686 万辆。汽车自动驾驶的发展正处于高级驾驶辅助系统（advanced driving assistance system，ADAS）阶段，且正朝着无人驾驶技术阶段发展。目前，雷达已成为 ADAS 的标准配置。经初步测算，预计到 2025 年，我国汽车雷达装车量将超过 5000 万套，市场规模将超过 150 亿元。与此同时，自动驾驶的市场渗透率将不断提高，亿欧智库的《2020 汽车雷达国产化研究报告》预计，到 2040 年全球汽车市场 L3 及以上自动驾驶渗透率将达到 85%。在公路交通雷达方面，据华为技术有限公司测算，在我国对交通数字化率超过 90%的目标下，公路毫米波雷达预计市场容量在 100 万～200 万台，包含高速公路和城市道路；据佐思汽研数据，预计到 2025 年，公路雷达及雷达视频一体机（即雷视一体）市场规模可达 200 亿元。在船舶雷达方面，据《2022 年中国渔业统计年鉴》和交通运输部《2021 中国航运发展报告》，2021 年我国拥有超 38 000 艘大型渔船，超 5500 艘大型远洋、沿海运输船舶，内河运输船舶超过 11 万艘，船舶雷达总市场规模超 100 亿元。根据上海国际航运研究中心编撰的《2030 年中国航运发展展望报告》，2015～2035 年，中国国际航运船队规模将以高于 5%的增速迅速扩张，2030 年中国的国际海运总量预计达 62 亿吨，占全球海运量比例将达到约 17%。随着航运、船舶工业的飞速发展，造船行业的需求牵引必将极大促进船舶雷达的发展。

与此同时，全球范围内的卫星雷达遥感（即星载 SAR）处于飞速发展阶段。2018 年至 2020 年，各国发射 SAR 卫星数量共约 11 颗，年产值约为 110 亿元；在此期间，我国发射 SAR 卫星 3 颗，年产值约为 30 亿元。目前，全球范围内的星载 SAR 正从传统的国家、地区主导研发，不断发展为同时包含大量商业公司研发和制造的状态。美国 Capella Space 公司计划发射由 36 颗 SAR 卫星组成的 Capella 星座，并于 2019 年发射第一颗。我国于 2020 年发射了首颗商业 SAR 卫星，2021 年我国天仪研究院与天地信息网络研究院正式签署"天仙星座"首批 SAR 卫星合作协议，星座包含 96 颗轻小型、高性能 SAR 卫星。SAR 卫星有土地管理、自然资源管理、城市规划、防灾减灾等多种用途，可产生巨大的市场容量。

此外，民用雷达未来在农业、智能家居、智能安防、医疗监护等诸多新兴领域将拥有一片蓝海市场。在农业应用方面，预计可形成全国重点区域的探虫雷达网和全国尺度的天气雷达空中生态监测网，相关应用可为农业虫害防治、农产品增产乃至植物生态改良提供广阔的市场应用前景。在安防方面，民用雷达已在机场、港口、油井油田、电力电网、铁路交通等高端周界警戒区域提供"线"式周界安防和"面"式区域安防，受平安城市、智能化交通建设等政策红利的影响，以及公众安防意识不断增强的影响，智慧安防将具有更广阔的市场前景。按照产业升级与成本预估计算，毫米波雷达在智慧安防的市场容量接近 900 亿元。在智能家居方面，民用雷达可内嵌至家居产品中而无须安装在表面，有效改善产品外观设计，未来会成为照明系统、音视频系统、卫浴系统、空调系统等核心家居的重要传感与控制设备，走入千家万户。按我国中产家庭数量估计，雷达在智能家居的市场容量约为 200 亿元。在医疗健康方面，民用雷达可用于非接触式医疗，并有效进行老年人的睡眠健康分析、离床告警、跌倒监测告警等，预计未来将在医院、机构养老、社区养老广泛应用，具有广阔的市场前景。按照我国独居老人数量估计，雷达在居家与社区养老的市场容量超过 200 亿元。

因此，民用雷达已经成为数字经济发展的重要基石，将助力我国经济高速发展。

1.1.3 民用雷达是国家重大战略需求的重要保障

我国已全面建成小康社会，面向 2035 年基本实现社会主义现代化的目标，我国还需满足国家面向国内和国外的重大战略需求。民用雷达可在满足国家重大需求方面发挥至关重要的作用。民用雷达对我国重大战略需求的支撑主要体现为对国家安全和公共安全的支撑保障作用。

在国家安全方面，民用雷达是开拓、维护、保障我国海陆空空间资源的重要手段。以岸基雷达为主的船舶交通管理系统是国际公共水域交通管理的重要技术,可用于海难事故、落水事故、船舶溢油、火灾等的应急处理,随着专属经济区的划分、国际局势变革,它将成为马六甲海峡等海上交通要塞粮食安全、石油运输安全等的重要保障。星载 SAR 可用于陆地观测、海洋观测、大气观测、空间观测。其中,陆地用星载 SAR 可服务于生态文明建设、数字农业、"一带一路"倡议、重大自然灾害、重大事件应急监测等方面的重大需求;海洋用星载 SAR 可服务于我国海洋强国建设在海洋自然资源管理、海洋环境保护、海洋防灾减灾、海洋权益维护、海域使用管理、海岛海岸带调查和极地大洋考察等方面的重大需求;大气用星载 SAR 可服务于我国各行业及大众对气象预报、大气环境监测、气象灾害监测,以及全球气候观测、全球气候变化应对等大气观测应用的需求;空间用星载 SAR 主要服务于我国空间目标巡视与在轨维护、深空大气探测、深空液态海洋探测、深空表面测绘、深空次表层与内部结构探测等方面的重大需求,是我国开展相关科学研究和争夺太空空间资源、维护太空航天资源安全的重要手段。

在公共安全方面,民用雷达可广泛用于各类自然灾害的监视预防和社会安全的维护。其中,民用雷达在粮食灾害和地质灾害方面可发挥重要的监测和预警作用。2019 年,国务院发布《中国的粮食安全》白皮书指出,"以习近平同志为核心的党中央把粮食安全作为治国理政的头等大事,提出了'确保谷物基本自给、口粮绝对安全'的新粮食安全观"。目前,农业雷达可助力我国农业建设,促进我国粮食产业经济稳步发展,有力保障我国粮食安全。农业雷达中的地对空昆虫雷达可实现迁飞虫害监测预警,空天对地农业遥感雷达可实现农业气象灾害预警、产量预测和耕地面积评估等。民用雷达也是有效预防和监测多种地质灾害的手段。"大力提升地质灾害防治科技支撑能力"是全国地质调查工作会议部署的"十四五"时期的重点工作任务之一。天空地多平台雷达遥感系统是地质灾害防治的强有力手段,在星载 SAR、机载 SAR、地基 SAR 等多手段联合下,雷达对地质灾害的数据获取呈现出多视角成像、多模态协同、多时相融合、多尺度联动等特点,可有效实现地表沉降、滑坡、泥石流等自然灾害的灾前预警、灾情评估、灾后救援和恢复等应用。民用雷达还是社会安全的重要保障。得益于雷达精细和全天时、全天候的感知能力，民用雷达可用于周界防范、公共安检、仓储物位测量等。雷达不仅可有效保障机场、军事设施、核电站、危险品仓库等重要公共场所的周界安全，还可实现对机场、港口、车站等公共场所和政府部门等高安全级别场所中人体或行李中携带的违禁物品进行人工/自动检测识别，也可对工业生产过程中封闭式或敞开容器中物料（固体或液位）的高度进行检测，可有效维护社会治安和生产安全。

因此，民用雷达是国家重大战略需求的重要保障，可有效保护国家安全和社会安全等，从而保护国家利益。

1.1.4　民用雷达未来可为人民生命健康保驾护航

《中华人民共和国国民经济和社会发展第十四个五年规划和 2035 年远景目标纲要》将全面推进健康中国建设作为我国发展的重要目标，指出要"把保障人民健康放在优先发展的战略位置"。雷达可精细地感知与人民生命健康相关的人体体征信号和外在威胁来源，从而为人民生命健康保驾护航。

民用雷达在保障人民生命健康方面具有巨大的潜力。随着我国经济社会发展、人民生活水平不断提高、人口老龄化进程加速，人们对健康的关注度不断提升，老年人的生活、健康状况也越来越受到国家和全社会的关注。由于可以精细地感知人体的运动、呼吸、心跳等体征信号，民用雷达可用于非接触式医疗，其在健康监测方面的前景十分广阔。未来，雷达非接触式医疗将在个人家庭、医院、养老机构等多种场合成为重要健康监测手段。

民用雷达是重要的灾后救援技术手段。我国自然灾害种类多且发生频繁，雷达信号具有强穿透、高灵敏度、抗干扰能力强等优点，可进行深层探测搜救。此外，雷达技术的发展使得雷达设备集成度高，结构简单，操作方便，现场展开快，基于雷达的生命探测仪可帮助救援人员更为快速、便捷、有效地判断幸存者的情况和位置，并可克服基于音频、光学、红外等信号的生命探测仪的固有技术缺陷，提高了救援效率。

因此，未来民用雷达可为人民生命健康保驾护航。

1.2 重点领域发展需求

当前，我国科学技术的创新与经济社会的发展都需要发展民用雷达。民用雷达在空天海洋、综合交通、公共安全、医疗健康等领域都有迫切的应用需求。

1.2.1 人类向深空深海的探索迫切需要发展民用雷达

开展深空探测活动是人类探索宇宙奥秘、寻求长久发展的必然途径，是在近地空间活动取得重大突破的基础上，向更广阔的太阳系空间的必然拓展。国务院《2016 中国的航天》白皮书明确指出，太阳系的起源与演化是深空探测中应围绕的重大科学问题。小行星碰撞是对地球最大的威胁之一，我国幅员辽阔，遭受近地小行星撞击的风险较高，因此我国高度重视近地小行星撞击风险应对问题。地基天文雷达是深空探测中的重要手段之一，可用于月球、近地小行星、类地行星探测等方面，还可用于研究开发小行星撞击防御的重大应用。

我国拥有非常绵长的海岸线和丰富的海洋资源，但是海域情况复杂。随着海洋开发的深入，海洋探测和研究的力度在不断加大。各类海洋参数的反演对海洋自然资源管理、海洋环境保护、海岛海岸带调查和极地大洋考察等方面具有重要意义。海洋表面参数包括海洋表面洋流、低空风场、海浪场等，海洋垂直参数包括水体剖面、声速剖面等，海洋底部参数包括海底地形等，这些都是海洋观测非常重要的参数。架设在岸边的地波雷达、天地波一体化雷达以及星载微波雷达，可有效获取海洋表面、剖面、底部相关信息。

1.2.2　未来智慧交通的建设需要民用雷达的全方位参与

交通作为城市的"血脉"，其顺畅与否对城市发展有至关重要的影响，构建智慧交通是构建智慧城市的首要任务。民用雷达可为未来智慧交通提供全方位的传感支撑和数据服务。从以汽车为代表的交通工具，到以路侧为基础的道路设施，在构建智慧交通的过程中都离不开民用雷达的深度参与。智能网联汽车是未来智慧交通的重要标志和主要表现形式，是实现车辆自动驾驶的重要路径。智能网联汽车是以车辆为主体和主要节点，融合现代通信和网络技术，使车辆与外部节点实现信息共享和协同控制，以达到车辆安全、有序、高效、节能行驶的新一代多车辆系统。雷达是智能网联汽车的标准配置。《〈中国制造 2025〉重点领域技术创新绿皮书——技术路线图（2017）》将汽车雷达系统列为智能网联汽车的关键零部件。雷达在汽车自动驾驶中的应用包括自适应巡航控制、盲点检测、防撞报警、辅助停车、辅助变道等多项功能。相较于视觉传感器来说，汽车雷达低成本、体积小和能够直接获得被测目标距离信息及速度信息的特点，使得其在自动驾驶应用中具有不可或缺的重要地位。此外，密布于道路各个节点的公路交通雷达是公路交通指挥系统和汽车感知环境信息的重要传感器。利用架设在公路路侧、电子卡口、收费站等处的雷达可实现道路交通环境信息的精细测量，可用于交通测速、流量监测、多目标跟踪、排队信息检测等公路交通管理场景。

1.2.3　全面提高公共安全保障能力需要发展民用雷达

我国幅员辽阔，自然环境和社会环境呈现出复杂性和多样性的特点，公共安全领域对民用雷达具有较大需求。首先，我国自然灾害种类多且发生频繁。《中华人民共和国国民经济和社会发展第十四个五年规划和2035 年远景目标纲要》指出要"全面提高公共安全保障能力"。民用雷达是自然监测与预防的重要手段。利用民用雷达进行自然灾害监测的特点包括覆盖范围大、成本低、空间分辨率高、全天候等。民用雷达可以实现自然区域毫米级的形变检测、毫米级微小昆虫目标的探测，是有效监测和预防地质灾害及农业迁飞虫害的手段；民用雷达还可实现气象灾害等多种灾害的评估和预报。此外，我国社会环境复杂，区域不稳定因素较多，民用雷达可有效保障社会安全，利用民用雷达可全天时、全天候地保卫机场、军事设施、核电站、危险品仓库等重要场所，还可高精度地检测和识别机场、港口、车站等公共场所中人体或行李中携带的违禁物品。

1.2.4　人民健康水平的提高需要发展民用雷达

随着社会经济的发展，人民生活水平不断提高，人们对健康的关注度不断提升。由于具有对生命体征信号精细感知的巨大潜能，民用雷达可用于非接触式医疗，因而在健康监测方面应用前景十分广阔。健康监测雷达可实现非接触式监测，可克服接触式监测手段对特定人群（烧伤患者、精神病患者、传染病患者等）不适用以及摄像头监测手段存在隐私泄露等缺点。

此外，随着我国经济社会发展、人民生活水平不断提高、人口老龄化进程加速，人们对健康的关注度不断提升，老年人的生活、健康状况也越来越受到国家和全社会的关注。民用雷达可全面监测老年人的身体参数，获得呼吸、心跳、跌倒、体动等关键信息，有效进行老年人的睡眠健康分析、离床告警、跌倒监测告警等。

1.3　民用雷达发展愿景

在《中华人民共和国国民经济和社会发展第十四个五年规划和 2035年远景目标纲要》的战略布局下，预计到 2035 年，我国民用雷达应实现如下愿景。

1.3.1 愿景一：完成顶层规划与战略布局，凸显发展重要地位

到 2035 年，完成两个重要的布局目标。一是实现国内民用雷达的顶层规划与战略布局，通过制定合理的政策，建立民用雷达服务平台，全面布局和发展我国民用雷达。具体包括初步完成全国范围内的产业链空间布局；填补国内民用雷达标准空白，完成民用雷达国内标准统一；实现民用雷达核心技术的自主保障；实现产业生态的完整健康发展；大幅提高民用雷达在我国安全体系构建、健康中国建设、科技前沿引领方面的贡献度，凸显民用雷达在我国发展的重要地位。二是开展民用雷达中国规则的国际化，在国内标准、频谱等规则统一的基础上，通过国际大循环，在民用雷达世界规则上做补充和衔接，使我国在民用雷达国际相关标准规范方面具有一定的话语权。

1.3.2 愿景二：关键核心技术自主可控，形成创新引领优势

到 2035 年，我国民用雷达核心技术将拥有自主知识产权，雷达技术水平不断大幅提高。雷达芯片等核心器件将突破发达国家垄断局面，形成自主保障的有利形势。用于设计雷达系统、雷达架构、雷达天线、雷达芯片等的雷达设计软件初步实现国产化。雷达信号处理算法稳健性和智能化程度大幅提高，自主研发能力进一步提升，达到与国外顶尖水平平齐的层次。

1.3.3 愿景三：构建健康产业生态，提供经济发展动能

到 2035 年，我国民用雷达形成完整、健康的产业生态，最终为我国构建国内大循环为主体、国内国际双循环相互促进的新发展格局做出突出贡献。产业链方面，交通、公共安全、医疗健康等多个领域的雷达实现产业生态的完整构建或进一步完善；产学研牵引形成持续竞争力，实现传统科研院所与新兴民营企业联动发展的局面。企业方面，形成一批具有领先

优势的龙头企业。产品方面，产品型谱基本完整，可靠性大幅提高，产品性能整体接近或赶超国外先进产品，产品国产率大幅提高，国产民用雷达产品的国内市场占有率整体上持平或超过国外产品，实现绝大部分应用场景产品的国产化替代；成本进一步降低，绝大部分领域民用雷达实现良性产品迭代循环。通过民用雷达的健康产业生态，进一步推动关联产业的国产化生态构建，形成规模经济，从而提供经济发展的动能。

1.3.4　愿景四：重点领域应用突出，彰显巩固支撑作用

到 2035 年，我国民用雷达在深空探测、智慧交通、智慧农业、智慧医疗等重点领域中得到突出的应用，巩固和支撑我国生产生活多个领域中多个环节的顺利运行。在深空探测方面，建成超大分布孔径雷达高分辨率深空域主动观测设施，实现对主带小行星、类地行星以及巨行星等天体的高分辨率观测，实现近地小行星的高精度测距、测速，为小行星的撞击防御提供重要支撑。在智慧交通方面，从车端和路端着手，构建毫米波雷达、摄像头等多种传感器信息融合感知系统，满足车、路、云通信信息安全等进阶需求。在智慧农业方面，建立包括探虫雷达和气象雷达的迁飞性害虫预警雷达组网，实现对主要迁飞性害虫的实时预警。在智慧医疗方面，构建以雷达传感器为核心，通信网络、大数据计算云中心、人机交互终端互联的健康监测服务系统，实现信息获取、信息存储、信息传输、信息挖掘和分析建议的健康监测服务。通过民用雷达在重点领域中的关键应用，支撑保障国民生产生活多环节的顺利进行。

第 2 章　民用雷达国内外现状与瓶颈

2.1　民用雷达典型应用及案例

2.1.1　典型应用

目前，民用雷达被广泛应用于空天海洋、综合交通、公共安全、医疗健康等有关国计民生的重要领域。

在空天海洋领域，民用雷达主要应用于对深空、海洋相关自然物体形态、重量、体积、表面特性、运动特性等参数的感知，以达到天体撞击地球预警、自然规律科学研究、自然资源开发和保护等目的，主要形态有地基天文雷达、海洋观测雷达等。

在综合交通领域，民用雷达主要应用于感知交通工具及其周围环境的相关信息，保障交通安全畅通、管理有序，主要形态有汽车雷达、公路交通管理雷达、船舶导航雷达、水域交通管理雷达、航管雷达、机场探鸟雷达、FOD（foreign object debris，外来物碎片）检测雷达等。

在公共安全领域，民用雷达主要应用于农业虫害、气象目标、地质灾害、入侵指定区域的人物的监测，以达到预防与监测自然灾害、保障社会安全等目的，主要形态有农业雷达、探虫雷达、气象雷达、边坡雷达、反无/周界雷达、安检雷达等。

在医疗健康领域，民用雷达主要应用于对人体呼吸、心跳等体征信号和肢体运动信息的感知，以达到对人体健康状态的判断和危险状态的预防等目的，主要形态有健康监测雷达、灾后搜救雷达等。

各个领域的民用雷达典型应用和典型民用雷达系统如表 2.1 所示。

表 2.1　各个领域的民用雷达典型应用和典型民用雷达系统

领域	典型应用	典型民用雷达系统
空天海洋	● 深空探测：地基天文雷达可用于太阳系内天体的成像、地形地貌观测，也可用于近地小行星的测距、测速、定轨。 ● 海洋观测：利用架设在岸边的地波雷达、天地波一体化雷达以及星载微波雷达，测量海洋表面洋流、低空风场、海浪场的参数	地基天文雷达、海洋观测雷达
综合交通	● 自动驾驶：汽车雷达是 ADAS、无人驾驶系统的核心传感器，用于实现发现障碍物、预测碰撞、巡航控制等功能。 ● 公路交通管理：利用架设在公路路侧、电子卡口、收费站等处的雷达实现道路交通环境信息的精细测量，可用于交通测速、流量监测、多目标跟踪、排队信息检测等公路交通管理场景。 ● 船舶导航：船舶导航雷达用于探测船舶周围的各类物体，实现航行避让、船舶定位、狭窄水道引航等功能，保障船舶安全航行。 ● 水域交通管理：利用岸基雷达、港口雷达、水上交通监视雷达组成的水域交通管理系统，获取水域交通信息，达到监视航道、港口泊位区域及近海水域船舶动态的目的。 ● 民航飞行保障：利用各类雷达实现飞行管制、气象探测、通信导航、飞行测高、飞行防撞，以保障通用航空、无人机等飞行设备和空中交通的安全	汽车雷达、公路交通管理雷达、船舶导航雷达、水域交通管理雷达、航管雷达、机场探鸟雷达、FOD 检测雷达
公共安全	● 农业监测：探虫雷达可用于虫害监测预警，而利用星载 SAR 可实现农业灾害预警、产量评估、耕地面积评估，以保障粮食安全。 ● 气象监测与预报：使用气象雷达可实现中小尺度灾害性天气的监测预警、云探测、大气风场廓线数据观测等。 ● 地理测绘与灾害监测：利用雷达遥感技术进行地理测绘，并对重点地区进行重复观测，达到监测、预测目标区域灾害信息的目的。常见监测手段包括星载遥感雷达、地基成像雷达等。地基成像雷达的典型代表为边坡雷达，可用于矿山边坡监测、滑坡地质灾害监测以及水利水坝形变监测等。 ● 安防：反无/周界雷达可用于机场、核电站、危险品仓库等区域的无人机监测与周界安防	农业雷达、探虫雷达、气象雷达、边坡雷达、反无/周界雷达、安检雷达
医疗健康	● 生命医疗：雷达可用于生命体征监测，主要用于健康监测、智能家居、灾后搜救等领域	健康监测雷达、灾后搜救雷达

此外，随着万物互联建设的快速推进，民用雷达在智能互联网方面的应用也正在迅速孕育。面向未来智能互联网，民用雷达将在智能网联汽车、智慧交通、智慧安防、智慧家居、智慧工厂中发挥重大的感知和交互作用。在智能网联汽车方面，汽车雷达具有发现障碍物、预测碰撞、自适应巡航控制的强大功能，是自动驾驶传感器方案的标配。在智慧交通方面，民用雷达可对多车道多目标进行 4D（four dimensions，四维）跟踪，精确监测车辆的多方面信息。在智慧安防方面，"视频+雷达"联动应用解决方案可进行稳健、高效的大范围区域防护。在智慧家居方面，民用雷达可内嵌至各类家用设备，在保障隐私性的前提下与摄像头形成互补联动，实现居民的健康监测、家用设备的互动与控制等多种功能。在智慧工厂方面，民用雷达由于超高分辨感测能力、强大的系统准确度，可精确监测物体的细微变化，预计可集成到各类机器人、工厂自动化和楼宇自动化设计中，并在工业自动化中得到广泛应用。

2.1.2　典型案例

从表 2.1 可知，雷达由于其精细的感知性能，已在生产生活的诸多领域得到了广泛的应用，并已产生一系列典型雷达系统。其中，地基天文雷达、汽车雷达、农业雷达、健康监测雷达分别是空天海洋、综合交通、公共安全和医疗健康领域的典型代表。

1. 空天海洋：地基天文雷达

地基天文雷达通过在地球上布置的大规模雷达系统，实现对太阳系内天体的主动观测，如实现对小行星、月球、类地行星等固态天体的高分辨成像与高精度测轨。地基天文雷达主要有两个方面的应用：一方面可以通过对小行星、月球、类地行星等天体的高分辨成像，研究天体表面地形地貌、地质演化与轨道演化过程，为太阳系起源与演化等重大科学问题提供关键约束；另一方面可以通过对近地小行星的高精度测距测速，实现近地小行星的高精度定轨，为近地小行星的撞击风险预警、处置方案设计、防御效果评估等工作提供重要参考。相较于射电天文望远镜[如我国的 FAST（five-hundred-meter aperture spherical radio telescope，500

米口径球面射电望远镜）]被动接收天体辐射的射频信号，其优势是通过主动发射电磁波，看到地球周围那些自身"不发光"的天体，如小行星等。相较于地基光学望远镜，其优势是能够额外获取距离维信息，从而大大提高天体定轨精度，同时能够获取天体表面地形地貌等精细特征。因此，地基天文雷达逐渐成为深空探测中不可或缺的观测手段。空天海洋领域的典型民用雷达——地基天文雷达，如图 2.1 所示。1958 年，美国喷气推进实验室建立了金石太阳系雷达（goldstone solar system radar，GSSR），GSSR 采用 70 m 口径天线，工作于 X 频段，发射功率达 500 kW。GSSR 可以探测距离为 1.5×10^7 km、直径约 1 km 以上的小行星。雷达探测的位置误差为 150 m、速度误差为 1 mm/s。GSSR 于 2006 年得到了月球南极地区的表面高程，空间分辨率达到 20 m，高程分辨率达到 5 m。GSSR 成功获取了 4179 Toutatis 小行星的高分辨率二维图像，随后获取了这颗小行星的三维结构模型。

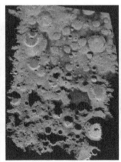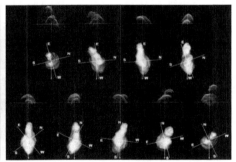

（a）金石太阳系雷达　　　（b）月球南极地区雷达　　　（c）4179 Toutatis 小行星雷达图像与形状模型
　　　　　　　　　　　　　　　干涉图像

图 2.1　空天海洋领域的典型民用雷达——地基天文雷达

2. 综合交通：汽车雷达

汽车自动驾驶目前分为 L1～L5 五个层级，其中 L1～L2 被称为驾驶辅助级别，L3～L5 则被称为自动驾驶级别。汽车雷达是用于汽车或其他地面机动车辆的雷达，包括运用激光、超声波、微波等不同技术的雷达，有发现障碍物、预测碰撞、自适应巡航控制等不同的功能。汽车毫米波雷达作为驾驶环境感知传感器之一，能够实时获得车辆周边目标的位置和速度信息，相较于视觉传感器和激光雷达来说，成本低，体积小，对目标的速度测量精度高，是业界公认的主流汽车辅助驾驶和智能驾驶传感器，在 L2～L5 各个阶段均广泛应用。汽车毫米波雷达通过探测车辆周围的不同目标和各类障碍物，如前车、对向来车、车道间栅栏以及人、自行车等弱势目标，向辅助驾驶系统及无人驾驶系统提供高精度目标距离、方位、俯仰、速度信息。在无人驾驶中，汽车毫米波雷达主要提供更高精度的场景和目标信息。综合交通领域的典型民用雷达——汽车雷达，如图 2.2 所示。2019 年，以色列 Arbe Robotics 公司推出 Phoenix 4D 成像雷达芯片，设计了 48 个发射通道和 48 个接收通道，并基于此芯片构建适用于 L2.5/L3/L4/L5 场景的 4D 点云高清成像雷达 Phoenix，拥有方位角维度和俯仰角维度高分辨能力。Phoenix 雷达水平方位角分辨率达 1°，俯仰角分辨率达 2°。Phoenix 雷达采用高灵敏度跟踪技术实现单独识别行人、自行车和摩托车等实体，并基于人工智能的后处理技术和即时定位与地图构建技术，实现细节成像、识别、追踪和分离目标。

（a）Phoenix 4D 成像雷达芯片及其观测范围　　　（b）芯片识别、追踪、分离目标

图 2.2　综合交通领域的典型民用雷达——汽车雷达

3. 公共安全：农业雷达

农业雷达是用于农业生产、病虫害监测预警的雷达。农业雷达包括迁飞昆虫雷达和农业遥感雷达，前者主要用于监测迁飞昆虫，起到病虫害监测预警的作用，后者则用于耕地和农情的监测，包括农业灾害预警、产量评估、耕地面积评估等。迁飞昆虫雷达是一种地对空监测雷达，而农业遥感雷达则是空对地雷达，主要包括雷达散射计和星载 SAR 等。由于星载 SAR 具有全球覆盖的特点，因而是目前农业遥感雷达的主要形式。公共

安全领域的典型民用雷达——农业雷达,如图 2.3 所示。北京理工大学 2018 年研发的 Ku 波段高分辨全极化昆虫探测雷达距离分辨率高达 0.2 m,角度分辨率为 1.5°,可探测距离 1.5 km 处、体重为 100 mg 的昆虫,测量目标的高度、数量、密度、速度、振翅频率、头部朝向、体长、体重等参数。雷达已在云南澜沧、江城、寻甸以及山东东营等地部署,实现业务运行,多次成功监测到草地贪夜蛾、黄脊竹蝗等境外虫源入侵,其工作画面作为央视农业农村频道整点报时视频。加拿大 RADARSAT-2 是 C 波段商用雷达卫星,具有最高 1 m 高分辨率成像能力,于 2007 年 12 月 14 日升空,可用于农作物分类、农作物长势监测及估产等。

（a）全极化昆虫雷达

云南江城基地　　　　云南澜沧基地

（b）昆虫雷达业务化运行

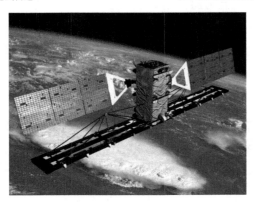

（c）RADARSAT-2 雷达卫星

图 2.3　公共安全领域的典型民用雷达——农业雷达

农业遥感雷达可实现土壤水分反演、农作物识别、作物生长监测、产量估计、种植面积监测、虫害监测等重要功能，以达到初步识别作物、土壤粗糙度、作物残留、植被参数的目的。昆虫雷达可以观测迁飞虫害的群体特征，发展至今已具备垂直观测模式，以及相参、全极化、多频段、高分辨等多方面的测量优势，不仅可以实现昆虫群体迁飞特征的高精度反演，更有提取体长、体重、朝向、振翅频率等昆虫个体精细特征的能力，实现对飞虫害种类识别和迁飞规律的预测。

4. 医疗健康：健康监测雷达

健康监测雷达对不方便通过接触方式进行健康监测的场景具有独特的优势，且监测参数相对较为全面，在养老机构、独居老人监护方面有较好应用前景。健康监测雷达的应用场景为养老院和独居老人家庭等，通过采集被监护对象的呼吸、心跳、体动等信号，进行数据处理、分析，将分析报告发送到智能手机等终端上。医疗健康领域的典型民用雷达——健康监测雷达，如图 2.4 所示。北京清雷科技有限公司的多参数监测仪和毫米波睡眠监测仪采用业内首创的 2.5 cm 高分辨率层析感知技术，刷新率可达 100 ms，医疗健康数据监测准确度国际领先。珠海奥美健康科技有限公司生产的非接触式体征检测仪可用于监测睡眠时长、深睡/浅睡、翻身次数、呼吸频率、离床判断、睡眠效率等多种精细的睡眠指标，还可用于跌倒监测。产品可应用于卧室、卫生间、客厅等场

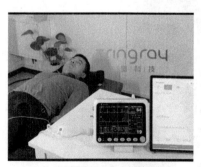

（a）北京清雷科技有限公司的多参　　（b）珠海奥美健康科技有限公司的　　（c）上海兆观信息科技有限
　　数监测仪和毫米波睡眠监测仪　　　　非接触式体征检测仪　　　　　　公司的健康监测雷达

图 2.4　医疗健康领域的典型民用雷达——健康监测雷达

所，大小仅为 11.5 cm×11.5 cm×9 cm。设备可与手机微信小程序以及 Windows 系统客户端连接。上海兆观信息科技有限公司的健康监测雷达可进行呼吸、心跳监测，并提供睡眠健康分析、离床告警和跌倒监测告警。

2.2　民用雷达国内外现状

2.2.1　战略现状

雷达起源于军事用途，经过两次世界大战之后向民用领域发展。民用雷达的正式应用起源于国外，早先可追溯至第二次世界大战之后美国对军用雷达进行改造以用于气象探测。雷达天然是军民融合的典型载体，各个国家和地区采取了不同的军民融合策略来发展雷达。当前，国外雷达军民融合的形态主要包括以下四种。

（1）军民一体。军民一体属于军民融合的高级阶段，处于军民一体化常态，特点是产生了顶级的防务公司，既生产军品也生产民品。典型代表为美国。

（2）先军后民。军品的任务优先于民品，典型代表为俄罗斯。

（3）以民掩军。无独立完整的国防科研生产体系，但民间企业在国防研究开发能力、技术水平等方面都有强大的优势，民用生产线实际上可以迅速转化，产出军品。典型代表为日本。

（4）以军带民。扩大军工技术成果的利用，并将部分军工企业转为民间经营，鼓励其他企业利用国防投资来开发生产民品。典型代表为以色列。

经过长时间的发展，民用雷达已进入蓬勃发展时期，成为各国竞争热点，各个国家或地区通过成立相关机构、制定发展政策、注入项目资金等多种方式对民用雷达进行了布局规划，如表 2.2 所示。欧洲和美国在民用雷达方面的布局领先世界，在各个时期均对民用雷达的热门应用、关键技术通过设立专门机构/团队、实施发展规划、资助重大项目等方式给予了大力的支持。

表 2.2　国外民用雷达主要布局

国家/地区	领域	布局
欧洲	综合交通	十分重视汽车雷达的研发与商业化应用，布局全球领先。1973 年，德国开始研究汽车雷达防撞技术，后由于成本和技术原因搁置，1986 年欧洲在"欧洲高效安全交通系统计划"指导下重新开始了汽车毫米波雷达的研制，之后多国企业相继实现汽车雷达的商用，并且施行了一系列频率规划政策，包括道路安全决议、短距离雷达设备技术指标要求、测试方法标准等。航空交通的雷达也是其特色雷达产品。1966 年，成立"欧洲鸟击委员会"，后改名为"国际鸟击委员会"，每两年召开一次国际鸟击年会
	公共安全	欧盟乃至其部分成员国都布局了星载 SAR 的研发和商业化。欧盟 2003 年启动"全球环境与安全监测计划"，后更名为"哥白尼计划"，其中包含 Sentinel-1 雷达卫星的任务规划。此外，德国（TerraSAR-X，2007 年）、意大利（COSMO-SkyMed，2007 年）、西班牙（PAZ 雷达卫星，2018 年）等国家的星载 SAR 均已在轨运行。英国是农业雷达的先驱，组建了自然资源研究所雷达团队，资助农业雷达相关技术的研究
美国	空天海洋	极其重视深空探测应用，布局全球领先。早在 1959 年前后即确立"空间监视网""深空网"等研究计划，推进地基对空间/天体目标观测高分辨雷达的研制
	综合交通	在汽车和航空领域有较为及时有效的政策引导。2017 年 6 月发布法案，将 77～81 GHz 频段划分给汽车雷达业务。此外，1991 年成立了"美国鸟击委员会"，2010 年，美国联邦航空管理局发布机场探鸟雷达系统咨询通告，包含了探鸟雷达基本构成、系统选择、性能规范、部署安装以及运行管理等主要内容
	公共安全	长期致力于开展大尺度的自然资源和灾害监测。于 20 世纪 60 年代末 70 年代初论证卫星对地微波遥感测量技术，并从 1974 年到 2021 年，开展了 3 次全球尺度的农业监测计划，评估全球主要地区作物产量和自然资源，包括"大面积农作物估产实验计划""农业和资源的空间遥感调查计划""全球农业监测计划"。1988～2000 年，实施了一个气象现代化计划，完成了全国 165 部多普勒雷达的布点建设，覆盖了美国大陆及部分沿海海域和岛屿。早在 1978 年，就发射了全球首个 SAR 卫星，2015 年和法国联合推出了"SWOT 卫星研制计划"，可用于全球地理测绘
日本	综合交通	对汽车雷达的研究开展较早。2012 年，日本无线工业及商贸联合会发布规范，正式将 79 GHz 频段规划给无线电定位业务
	公共安全	已在星载 SAR 方面形成优势。自 2016 年起，开始开展"ALOS 系列卫星项目"

续表

国家/地区	领域	布局
其他	公共安全	多个主要国家形成了各自的特色。澳大利亚组建了联邦科学与工业研究组织昆虫雷达团队。加拿大于 1998 年到 2003 年实施了"国家雷达计划",在美加边境附近重点对灾害性天气频发和沿海人口密集地区布设了 31 部多普勒天气雷达。俄罗斯拥有资源系列卫星遥感观测计划

注：SWOT 即 surface water ocean topography，地表水和海洋地形。

与国外相比，我国民用雷达起步较晚，布局也有所欠缺，正处于逐步开展战略部署的阶段。我国民用雷达的发展可大致分为三个阶段：①1953 年至 20 世纪 60 年代的仿制阶段，这一阶段以建立雷达生产基地和仿制苏式雷达产品为主要标志。②20 世纪 70 年代至 21 世纪初的跟跑阶段，主要特点是开始实现自主研究。③2010 年至今的并跑、领跑阶段，主要特点是多种雷达研究技术和体制跻身世界前列，部分研制雷达实现国际领先。

我国十分重视民用雷达的发展,也采用了军民融合的策略来发展民用雷达。2015 年确定了军民融合的国家战略，在一定意义上推动了军用雷达技术向民用推广。我国雷达军民融合涉及的领域主要包括综合交通与公共安全领域。其中气象雷达和空管雷达的军民融合成效较为明显，空管雷达的国产化进程推进也极为迅速，2023 年 5 月民航空中交通监视设备中，国产类别占比为 75.5%，相比 2016 年 3 月的 56.8%，提高接近 20 个百分点，且部分空管雷达产品已逐渐进入世界先进行列，军民融合成效明显。汽车雷达预计在未来无人战场车辆和民用消费汽车市场上会有广泛应用；星载 SAR 不仅可用于地理测绘、应急救灾，还可用于要地监视、战场目标监视等。上述领域的民用雷达是未来军民融合的典型代表。但与国外相比，我国雷达的军民融合深度仍然不足，主要体现为部分雷达技术以军工集团、国企掌握为主（如安防雷达），尽管近年来一批民营企业涉足相关技术领域，但由于技术积淀和市场开拓能力的不足，仍缺乏行业龙头企业。

此外，近年来我国在民用雷达研发的投入正迅速壮大，不仅表现为国有和民营单位的大量涌入，还体现为国家在多个重点领域的政策支持。当前我国民用雷达的主要布局如表 2.3 所示。从中可知，综合交通与公共安全是我国目前高度重视的民用雷达领域，其中综合交通中的汽车雷达，公共安全中的农业雷达、气象雷达、星载 SAR 是重中之重，相关部门大力支持，及时制定政策文件和相应的发展规划等。

表 2.3　我国民用雷达的主要布局

领域	布局
空天海洋	深空探测获得地方重点规划的支持。2021 年 2 月，重庆市发布《重庆市国民经济和社会发展第十四个五年规划和二○三五年远景目标纲要》，指出"争取建设分布式雷达天体成像测量仪等国家重点实验室"
综合交通	重点推动汽车雷达的政策支持。2012 年，工业和信息化部发布《关于 24GHz 频段短距离车载雷达设备使用频率的通知》。2017 年，《〈中国制造 2025〉重点领域技术创新绿皮书——技术路线图（2017）》将汽车雷达系统列为智能网联汽车的关键零部件。2021 年工业和信息化部发布《汽车雷达无线电管理暂行规定》，将 76～79 GHz 频段规划用于汽车雷达
公共安全	传统领域持续推进，农业雷达和星载 SAR 等新兴手段得到了重点投入。从 20 世纪 60 年代至今，持续布局气象雷达，先后进行模拟、数字天气雷达的研发。在《全国气象现代化发展纲要（2015—2030 年）》指出要优化和完善气象雷达观测网。《全国动植物保护能力提升工程建设规划（2017—2025 年）》等政策文件指出，到 2025 年建成"15 个空中迁飞性害虫雷达监测站"，还资助北京理工大学研制面向动物迁飞机理分析的高分辨多维协同雷达测量仪。此外，星载 SAR 研究至今已超过 40 年，《国家民用空间基础设施中长期发展规划（2015—2025 年）》指出，要构建"卫星遥感系统"，"建设高分辨率光学、中分辨率光学和合成孔径雷达（SAR）三个观测星座"
医疗健康	尚未有针对性布局

综合民用雷达国内外布局可知，国外民用雷达布局早、投入大，各个国家和地区形成了各自的优势雷达系统。汽车雷达、农业雷达、星载 SAR 是多个国家和地区当前重点关注的领域，此外，美国特别关注雷达的前沿

精尖技术，在天文雷达等方向的发展上大量投入，并通过宏大的研究规划实现持续推动。欧洲民用雷达的布局集中在商业潜能突出的领域，包括汽车雷达和星载 SAR。

我国当前十分重视汽车雷达、农业雷达、气象雷达和星载 SAR 的布局，这与国外的布局方向大致是吻合的。但与国外相比，我国民用雷达布局较晚，并且长期处于不断追赶国外的状态。目前，天文雷达尚未在我国引起足够高的重视，主要处于地方布局状态。

此外，医疗健康领域的民用雷达国内外均尚未有较显著的布局。

2.2.2　技术现状

目前，国内外各个领域的民用雷达均处于快速发展阶段，不同国家和地区不同领域的民用雷达有着各自的优劣势，具体如表 2.4 所示。

表 2.4　各领域民用雷达国内外技术发展状况

领域	国外现状	国内现状
空天海洋	美国长期保持深空探测世界领先地位。建有 305 m 孔径阿雷西博雷达（2020 年退役）和 70 m 孔径金石雷达，已取得一系列重要成果	尚未部署天文雷达系统，正积极开展深空域雷达观测的理论研究与系统论证
综合交通	体量大的交通领域雷达核心技术主要由欧洲、日本、美国等掌控，产品性能较为稳健。其中，汽车雷达的核心技术由德国、日本等国家的巨头掌握，船舶雷达核心技术则是日本一家独大。其余诸如 FOD 雷达和探鸟雷达也都经过了多年的研发，产品性能稳定	部分雷达已取得关键技术突破，但整体上可靠性相对较差，核心技术研发相比国外存在很大差异，汽车雷达和船舶雷达技术垄断尤为明显。其中，汽车雷达的一些关键技术已取得突破，部分已国产化。船舶雷达长期模仿国外同类产品，高海况下小目标检测能力弱，可靠性差。FOD 雷达和探鸟雷达则突破了关键技术，但在复杂环境下的性能仍有待提高

续表

领域	国外现状	国内现状
公共安全	美国和欧洲发展较早，在远程监测手段，包括星载 SAR、气象雷达等中拥有传感器、信号处理、成熟软件在内的多项核心技术。特别地，星载 SAR 的分辨率、图像质量等较佳，观测性能较好。短距离监测手段的发展时间相对较短，产品基本可满足不同场景的使用需求。安防雷达在探测精度、监测物体类型、虚警率等方面具有优势	各类监测手段均取得部分关键技术突破，部分技术指标与国外相当，个别领域探测性能处于国际领先位置，但产品可靠性和软件专业性方面仍有差距。依托高校团队的研究队伍，农业昆虫雷达和地基雷达性能世界领先。气象雷达整机技术也已逐渐和国外接近，但部分元器件性能及数据应用方面尚有不小差距。星载 SAR 的分辨率已逐步提升至国际水平，部分应用与先进国家水平相当，但大部分应用仍存在差距。安防安检雷达多源于军用，局部技术具有一定优势
医疗健康	处于发展初期，部分领域中的应用还处于探索研究阶段	刚起步，与国外技术水平差别不大

从表 2.2 和表 2.4 可知，美国和欧洲是多个领域民用雷达技术的先驱，其中美国是深空探测、空管雷达、星载 SAR 等技术的提出者，至今仍掌握相关领域的核心技术；欧洲是汽车雷达、气象雷达、昆虫雷达等技术的提出者，目前在汽车雷达方面占据绝对领先地位。

与国外相比，我国提出的民用雷达新技术、新应用较少。尽管近年来我国在昆虫雷达、边坡雷达等领域实现了技术领先，但绝大部分领域的民用雷达技术尚处于追赶国外同期产品状态。

2.2.3　产业现状

各领域民用雷达国内外产业现状如表 2.5 所示。

表 2.5　各领域民用雷达国内外产业现状

领域	国外现状	国内现状
空天海洋	尚未形成产业格局	尚未形成产业格局
综合交通	市场主要由欧洲、日本、美国等掌控。77 GHz 汽车雷达方面，德国博世、大陆、日本电装等国际品牌占据全球 90%以上市场份额；空管雷达方面，美国四大公司的产品占据全球近 50%份额；船舶雷达方面，日本的日清纺微电子株式会社、古野、欧美的凯文休斯、雷松等厂家产品具有领先优势，其中日本产品性价比高、可靠性高等，在国际上占主导地位	除空管雷达基本实现 100%国产化以外，长期被国外巨头企业垄断市场，国内仅个别产品实现量产。其中，汽车雷达 70%~80%市场份额被国外厂商占据，毫米波雷达核心部件基带数字信号处理芯片在国内仍处于空白状态。船舶雷达市场 80%以上长期被日本及欧美雷达厂家把持，其中 70%以上为日本产品。FOD 雷达和探鸟雷达则已实现自主研发，正开展长期试验工作
公共安全	各国包括星载 SAR 和气象雷达的大功率雷达以国家投资研制和使用为主，但目前,美国和欧洲的星载 SAR 向商业化迅速发展，成熟的产业链格局正在快速形成。其中，美国 SpaceX、Capella Space，芬兰 ICEYE 等公司全球领先。特别地，星载 SAR 的产业链包括卫星制造和发射服务商组成的上游，商业运营商、政府运营商和数据转售商组成的中游，数据加工、软件等价值增值公司组成的下游。昆虫雷达以研究机构自研算法、自行改装为主，尚未市场化。微功率雷达则以企业投资为主	大功率雷达仍以国家投资研制和使用为主，商业化处于起步阶段，但应用整体落后于国外，且尚未形成较大产业规模。星载 SAR、气象雷达使用方均以国家和地方政府部门为主，前者商业化处于起步阶段，研制以研究所参与为主，后者已依托研究所培育出成熟民营企业。昆虫雷达、地基雷达则形成了特色产品，尚未量产。安防安检雷达则形成了各自的优势产品和产业格局
医疗健康	处于发展初期，处于从技术研发迈入产业化阶段，部分企业已有特色产品，产业规模较小	处于发展初期，处于从技术研发迈入产业化阶段，部分企业已有特色产品，产业规模较小

从表 2.4 和表 2.5 可知，目前欧洲、美国和日本具有全球领先的民用雷达产业优势。欧洲在汽车雷达和星载 SAR 方面具有丰富的产品，产业优势明显，市场占有率高；美国也在星载 SAR 占有一席之地；日本的主要优势在于船舶雷达和汽车雷达，其船舶雷达更是具有绝对市场优势。目前，美

国在星载 SAR 领域投入了巨大的资本，其规划的卫星数量为全球之最，并有巨头公司参与其中，预计未来，美国在这一领域将具有很强的领先优势。

与国外相比，我国民用雷达尚未形成全球领先的产业优势，企业整体偏小散弱。在欧洲、日本的巨头企业压迫下，我国的综合交通领域雷达企业生存较为困难。星载 SAR、气象雷达等长距离雷达则以研究所及其培育出的民营企业为主要研发单位。其余短距离民用雷达则基本已形成国内初创企业，但企业规模相对较小。汽车雷达是活力最强的综合交通领域雷达，行业竞争格局已由原来国外公司主导转向国内外激烈竞争，国产替代前景可期。

从表 2.4 和表 2.5 还可得知，产业发展较为成熟的民用雷达领域通常产品也具有较高的稳健性，因此也具有领先的技术优势。深空探测领域的民用雷达美国一家独大，以科学研究和国家使用为主，因此不具有成熟的产业格局。医疗健康领域的民用雷达目前国内外均处于发展初期。

2.2.4　标准现状

民用雷达的标准分为国际通用标准、地区标准、国家标准、行业标准等。根据国家标准馆检索结果，国际、各个地区、国家的标准在空天海洋、综合交通、公共安全、医疗健康等领域均有涉及，如表 2.6 所示。除各个领域的民用雷达标准外，雷达通用技术（定义、术语、测试方法、操作准则、设计指南等）的标准也是数量较为庞大的一类。

表 2.6　各民用雷达领域国内外标准数量（单位：个）

| 领域 | | 国内 | 国外 | | | | | 小计 |
			国际	欧盟	欧洲各国	美国	其他国家	
空天海洋	海洋观测	4	9	1	0	0	0	14
综合交通	公路交通（含汽车）	8	4	30	42	2	11	97
	船舶	19	9	13	36	2	19	98
	空管	13	3	0	5	2	1	24

续表

领域		国内	国外					小计
			国际	欧盟	欧洲各国	美国	其他国家	
公共安全	气象	30	29	2	6	2	1	70
	地形测绘	12	2	0	0	1	4	19
	水位/物位	4	0	3	8	0	1	16
医疗健康	灾后救援	1	0	0	0	0	0	1
通用		34	105	19	17	22	8	205
其他应用		9	1	13	13	16	5	57
总计		134	162	81	127	47	50	601

图 2.5 是各个领域民用雷达国内外标准数量对比的情况。从中可以看到目前民用雷达的标准现状具有以下特点。

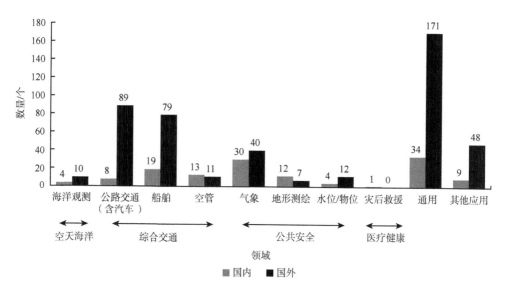

图 2.5　各个领域民用雷达国内外标准数量对比

（1）空天海洋领域的标准数量较少，其中深空探测雷达尚处于空白状态。这是由于深空探测雷达目前美国一家独大，成本高，以国家使用为主。

（2）我国在综合交通领域的民用雷达标准数量远远比国外少，根据表 2.6 可知，欧洲在公路交通（含汽车）应用的民用雷达标准数量在全球处于绝对领先地位，总数达到了全球的 74%，表明了欧洲在这一领域的话语权优势。

（3）医疗健康领域的雷达标准在全球范围内基本都是空白状态，当前仅有我国在 2020 年出台的《消防用雷达生命探测仪》标准。

（4）尽管绝大部分民用雷达都有国际标准、欧洲标准和美国标准，我国仍根据国内需要制定了我国的国家和行业标准。我国绝大部分领域的民用雷达标准出台的时间晚于国外标准。此外，在诸多领域，我国民用雷达仍采用国外标准，如船舶雷达等。

2.2.5 频谱现状

根据工业和信息化部《地面雷达频率使用和台站设置管理研究》，美国商务部、国家电信和信息管理局于 2000 年公开出版了《联邦雷达频谱需求》，对美国后续 20 年雷达频段的需求进行了预测，各领域雷达的频段如表 2.7 所示。欧洲电信标准化协会制定了雷达系统的相关文件规定，其中频段划分如表 2.8 所示。英国雷达管理的主体是电信办公室，相应的频段划分如表 2.9 所示。获得工业和信息化部批准的我国民用雷达的主要频段分布如表 2.10 所示。

表 2.7　2000 年美国雷达系统的频段需求预测

领域		频段
空天海洋	天文雷达	2310～2385 MHz
	海洋雷达	31.8～36 GHz
综合交通	公路交通雷达	8.5～10.55 GHz；24.05～24.65 GHz
	水上交通雷达	2700～3100 MHz；5250～5925 MHz；8.5～10.55 GHz
	空管雷达	1215～1390 MHz；2700～3100 MHz；3100～3650 MHz；8.5～10.55 GHz
	机上雷达	3100～3650 MHz；4200～4400 MHz；5250～5925 MHz；8.5～10.55 GHz；13.25～14.2 GHz；31.8～36 GHz

续表

领域		频段
公共安全	气象雷达	420～450 MHz；890～942 MHz；2700～3100 MHz；5250～5925 MHz；8.5～10.55 GHz；13.25～14.2 GHz；15.4～17.3 GHz；24.05～24.65 GHz；31.8～36 GHz；92～100 GHz
	星载 SAR	1215～1390 MHz；2700～3100 MHz；3100～3650 MHz；5250～5925 MHz；8.5～10.55 GHz；13.25～14.2 GHz；15.4～17.3 GHz
医疗健康	无	无

表 2.8　欧盟针对不同雷达系统的频段划分

领域		频段
空天海洋	无	无
综合交通	公路交通雷达	21.4～26.5 GHz；76～77.5 GHz
	水上交通雷达	5250～5725 MHz；9300～9500 MHz；13.25～14 GHz
公共安全	气象雷达	1240～1300 MHz；2700～2900 MHz；5250～5850 MHz；9300～9500 MHz；35.2～35.5 GHz；94～94.1 GHz
医疗健康	无	无

表 2.9　英国雷达频段划分

领域		频段
空天海洋	海洋雷达	4.438～4.488 MHz；5.25～5.275 MHz；9.305～9.335 MHz；13.45～13.55 MHz；16.1～16.2 MHz；24.45～24.60 MHz；26.20～26.35 MHz；39～39.5 MHz；44～47 MHz
综合交通	公路交通雷达	24.05～24.65 GHz
	水上交通雷达	5.47～5.57 GHz；8.85～9 GHz；9～9.5 GHz
	船用雷达	9.2～9.5 GHz
	空管雷达	1.3～1.35 GHz；2.7～2.9 GHz；9～9.2 GHz
	机上雷达	5.35～5.47 GHz

续表

领域		频段
公共安全	气象雷达	44～47 MHz；52～68 MHz；915～921 MHz；5.57～5.65 GHz；9.3～9.5 GHz
医疗健康	无	无

表 2.10　获得工业和信息化部批准的我国民用雷达的主要频段分布

领域		频段/MHz
空天海洋	海洋雷达	4.438～4.488；9.305～9.355；13.44～13.45；16.1～16.2；24.45～24.60；26.20～26.35；39.5～40.0；9 345～9 405
综合交通	汽车雷达	24 000～26 650；76 000～79 000
	船用雷达	9.38～9.44；3 000～3 100；9 000；9 200～9 500；12 820～13 900
	空管雷达	1 030～1 090；1 250～1 350；2 700～3 100
	民用航空场面监视雷达	9 000～9 500
公共安全	气象雷达	1.98～2.00；40～68；400.15～406.00；440～450；470～494；930；1 270～1 375；1 665～1 695；2 700～3 000；5 300～5 700；9 300～9 500；13 475～13 600；22 000～31 400；33 440；34 500～36 000；51 000～60 000；93 965～94 580
医疗健康	无	无

图2.6表示的是根据表2.10所列频段得到的获得工业和信息化部批准的民用雷达主要频段分布，从中可知，我国现有民用雷达中，气象雷达占据最大的带宽，汽车雷达次之，船用雷达又次之。

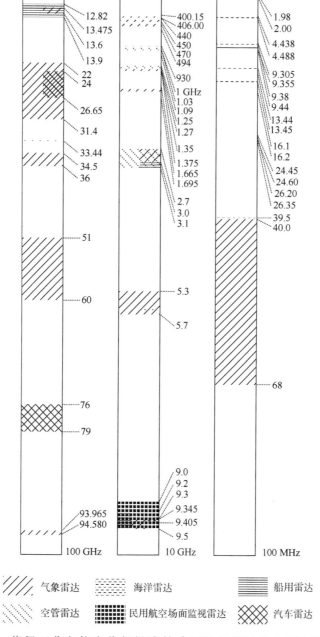

图 2.6 获得工业和信息化部批准的我国民用雷达的主要频段分布

由表 2.7～表 2.10 和图 2.6 可知，世界各个国家和地区对民用雷达的频段划分相对较为接近，对空天海洋、综合交通、公共安全等领域均有所涉及，获得频率规划的雷达的共同特点是，雷达比较容易对其余电子设备产生干扰。道路车辆之间间隔较近，因此综合交通的汽车雷达容易相互干扰；其余雷达均具有高功率的特点，极易对工作环境中其他电子设备产生干扰。医疗健康领域的民用雷达尚处于空白，其原因可能主要在于这一领域的民用雷达属于微功率设备，根据《中华人民共和国工业和信息化部公告 2019 年第 52 号》，符合《微功率短距离无线电发射设备目录和技术要求》的无线电发射设备，无需取得无线电频率使用许可、无线电台执照、无线电发射设备型号核准。这就是说，医疗健康领域民用雷达可能在使用过程中较少对其余设备产生干扰，因此暂无须纳入频谱管理的范畴。

美国在民用雷达的频率规划方面具有非常深远的考虑，并提供了及时有效的政策支撑。其在 2000 年就进行了未来 20 年的雷达频谱需求预测，并提出了规划思路。从表 2.7 来看，美国民用雷达频谱预测的领域类型较为全面。此外，美国新兴领域民用雷达的频谱和政策支持也较为及时有效。例如，谷歌于 2019 年在手机里添加了一个 60 GHz 微型雷达系统，这个毫米波雷达具备交互和监测人体健康的功能。鉴于这个雷达可贴身使用、可携带至飞机上，美国政府迅速将它的辐射允许使用范围规定得非常清楚，其政策更新速度可见一斑。

与国外相比，我国民用雷达的频率规划和政策更新相对较慢。例如，当前我国已明确将 76～79 GHz 的频率范围划分给汽车毫米波雷达使用，面向下一代智能网联汽车，路侧交通雷达与汽车毫米波雷达等传感器的信息互联十分重要，而我国目前关于路侧交通雷达的频率规划尚未明确。再如，小米公司也完成了手机用毫米波雷达样机，然而在获得频率授权方面遇到了阻碍，我国目前对 60 GHz、77 GHz、W 波段等毫米波雷达有关波段的频率规定尚未明确。这一定程度上制约了我国从事民用雷达生产和研发的企业在相关雷达方面的支持力度投入，阻碍了我国民用雷达的技术突破和产业革新。

2.3　民用雷达发展趋势

受民用雷达自身和交叉行业领域技术的双重驱动,我国民用雷达技术呈现出鲜明的发展趋势。具体地,我国民用雷达技术发展趋势如下所示。

2.3.1　技术趋势一:新兴技术深度融合,信息处理智能化、核心器件芯片化

有些新兴技术如人工智能技术、第四代微波集成电路技术等已在雷达中得到了广泛的应用。这些新兴技术极大地推动了民用雷达的快速发展,使其呈现出信息处理智能化、核心器件芯片化的趋势。信息处理智能化趋势在雷达精细信号处理中的表现尤为明显。一个典型的代表是智能网联汽车。智能网联汽车中的汽车雷达用高灵敏度跟踪技术实现单独识别行人、自行车和摩托车等实体,并基于人工智能的后处理技术和即时定位与地图构建技术,实现细节成像、识别、追踪和分离目标。再如,采用先进的相控阵雷达体制和基于大数据人工智能的信息处理方法是未来探鸟的发展趋势,通过更加灵活的波束调度和基于大数据的先进信号处理技术形成全天时、全天候、大范围的鸟情监测数据,在此基础上结合机场已有历史鸟情数据、人工/光学系统观察记录、调研报告等,进一步使用大数据和机器学习等新兴技术手段可以大大提高雷达鸟情探测的准确率和可靠性,这是未来探鸟雷达技术发展的必然趋势。除此之外,核心器件芯片化已在多种民用雷达中有所体现。特别地,在毫米波雷达方面,单片集成射频前端、数字处理和天线成为前沿趋势。例如,中国电子科技集团公司第三十八研究所研发的 77 GHz 毫米波芯片及模组实现了两颗 3 发 4 收毫米波芯片及10 路毫米波天线单封装集成,其大小仅为 2.4 cm×2.4 cm。核心器件芯片化极大地拓展了雷达在消费类电子产品、智能医疗、智能网联汽车、智能安防等应用领域的使用场景和平台适配性,带动民用雷达快速发展。

2.3.2　技术趋势二：多平台协同，信息互联网络化

当前，民用雷达传感器数量与数十年前相比大幅增加，星载雷达数量已翻番，汽车雷达用户数量不断攀升。雷达运行平台不断扩展，从早期的地面、飞机、卫星等广域场景，到如今已在汽车、无人机、仓库、卧室等大量生产生活空间上得到应用。依托日益增加的搭载平台，多雷达平台的协同将成为未来民用雷达领域的重要特征。与此同时，与其他传感系统间的深层次交互也是万物互联时代中民用雷达的重要特征。在此基础上，雷达信息互联网络化成为必然趋势。例如，深空探测、农业监测与智能网联汽车等诸多领域正在朝着多平台协同快速发展。地基天文雷达、农业探虫雷达利用多部雷达系统可分别实现太阳系内天体的高分辨成像和昆虫目标的空间定向检测与精细参数反演。智能网联汽车中，多种传感器数据融合是实现对环境精准与稳定感知的可行性最高的方法，目前采用的传感器配置有高精度地图加多线束激光雷达方案、毫米波雷达加少线束激光雷达加摄像头方案等多源数据协同探测的方案。

2.4　我国民用雷达瓶颈问题

尽管我国民用雷达已经处于快速发展的起步阶段，多个领域的民用雷达也取得了部分关键技术突破，然而我国民用雷达起步时间较晚，面临顶层布局不完善、核心技术偏薄弱、产业生态欠健全、高端人才显缺乏等多方面瓶颈问题，具体表现如下。

2.4.1　顶层布局不完善

随着万物互联时代的来临，雷达作为核心传感器必将广泛渗透到各个行业领域，多雷达传感协同与数据融合处理成为必然趋势，亟须对民用雷达进行顶层统筹布局规划。但当前，我国民用雷达顶层统筹布局规划仍不

完整，在战略布局、行业规范、政策扶持方面面临以下瓶颈问题。

1. 战略布局尚不健全

（1）尚缺乏明确的主管部门。目前，我国民用雷达缺乏相关的政府主管部门，行业团体力量相对薄弱，行业整体缺乏统筹和引领的声音。

（2）新兴领域布局滞后国外。与国外相比，我国民用雷达布局较晚，尽管经过多年的追赶，传统领域已基本实现自主可控，但新兴领域容易处于不断追赶国外的循环状态。目前，天文雷达尚未在我国引起足够高的重视，主要处于地方布局状态，而雷达在智慧医疗、智慧家居、智慧工厂等领域的布局处于空白状态。

（3）雷达军民资源配置和发展程度不均衡。雷达研发单位以中国兵器工业集团有限公司、中国电子科技集团有限公司、中国航天科工集团有限公司等老牌军工科研院所及其企业为主，以民营企业为辅。军工科研院所及其企业在资源分配、核心技术等方面处于主导地位，可优先获得民品招标资源，但其工作重心主要为军品任务，民品质量相对较低；民营企业在激烈的市场竞争中受迫于生存压力，科研投入十分有限，导致企业创新动力不足、发展后劲不强，难以形成民营龙头科技企业，难以打破国外在新型雷达领域的垄断地位。

（4）地区发展不均衡。我国民用雷达集中分布于东部地区，西部地区基本处于空白状态。

2. 行业规范尚不明晰

（1）标准时效性不高。目前，我国绝大多数民用雷达技术和应用都是效仿国外，因此各个领域民用雷达的标准通常优先沿用国外已有标准，或基于此进行本土化完善，而较少先发制定相关标准。2016 年中国民用航空局发布了《机场道面外来物探测设备》，为这类设备的研制、应用提供了指引，但这类设备的频率规划、设备标准、运行管理规范等政策制度有待制定。

（2）标准统一性不高。我国雷达命名规范沿用的是美军的系统，标准规范名称常有不统一之处，如"船用导航雷达""船舶导航雷达"等用语均有出现。此外，我国当前军用与民用雷达在功能需求、技术要求、成本控制、质量等级、体积功耗等多环节设计标准的差异难统一，使得部分先进的军用技术无法进一步民用。以商业遥感成像雷达为例，军用成像雷达成本较高，不可能大范围民用，而国家组织建设的民用成像雷达卫星是以解决全国普查和全球科学研究为目标设计的，无法大范围商业化定制服务，无法满足常态化监测以及灾害应急的迫切需求。

（3）面向新兴民用雷达的频谱规划尚不明朗。国家无线电监测中心于2020年针对地面民航、交通海事、气象领域的民用雷达提出了频谱规划建议（《地面雷达频率使用和台站设置管理研究》），但其余行业领域（如生命医疗雷达、探鸟雷达、FOD 雷达等）尚无频谱规划建议。又如，当前我国已明确将 76～79 GHz 的频率范围划分给汽车毫米波雷达使用，面向下一代智能网联汽车，路侧交通雷达与汽车毫米波雷达等传感器的信息互联十分重要，而我国目前对路侧交通雷达的频率规划尚未明确。交通行业民用雷达的相关企业因前景不明朗而不敢尽早进行产业链条的布局，我国智能网联汽车领域的研发动力尚未全部激发。

3. 政策扶持力度不足

（1）专项计划不足。在专项计划方面，目前主要形式是将民用雷达作为部分研究项目的子课题纳入行业专项规划，而针对我国雷达产业整体发展的专项计划仍为空白。

（2）雷达军民技术与转化配套措施不足。例如，军品行业具有较高的准入门槛，受制于保密等因素，"民参军"难；军用雷达国防专利等因知识产权的保护，难以向民用转化；军民雷达融合发展中的无线电频率规划与管理规范，以及军工与民营企业深度融合转化中产业规范、产权分配与激励措施规定等方面存在问题。

（3）民营企业融资难、支持力度小。我国民用雷达不乏优秀的民营企业，但国家经费支持的力度较小，且我国各行业应用部门对我国民营企业产品的支持力度较小,如采购优先级低。因此,优秀民营企业尽管活力强、技术优,但发展负担沉重。

为促进民用雷达全方位、多层次地支持万物互联时代,促进民用雷达健康发展,亟须进行民用雷达顶层统筹布局规划。

2.4.2　核心技术偏薄弱

我国民用雷达基础技术薄弱,关键核心技术受制于人。雷达是电磁微波、集成电路、信号处理、设备制造等多领域理论和技术的综合。当前,我国民用雷达的理论研究虽然已与西方发达国家相差较小,但是关键核心技术缺失,底层基础技术积累薄弱,关键器件受制于国外,未掌握完整的先进生产工艺,面对国外产品缺乏竞争力。例如,在关键器件方面,数字芯片技术、模拟微波芯片技术分别大致落后国外 3~5 年、6~10 年,国内高端射频器件、处理器等市场大部分被国外企业垄断。以毫米波雷达为例,国内市场主要被恩智浦、英飞凌、德州仪器等国外芯片设计公司占据。雷达芯片中的多种原材料也受制于国外。海关数据显示,2017~2020 年,我国民用雷达行业高端产品进口金额呈现逐年上升趋势,呈现出进口大于出口的局面。

我国民用雷达可靠性、处理精度、探测距离等性能有待提高,不能满足探测需求。这在船舶雷达、水上交通管理雷达、生命医疗雷达、探虫雷达、探地雷达等精细化目标探测应用场景中表现尤为突出。例如,船舶交通服务（vessel traffic service,VTS）系统需 24 小时持续不断地运行,但我国国产 VTS 可靠性不如国外公司的产品,因此难以应用到实际场景中。再如,我国汽车雷达部分厂家标称具备 150 m 的作用距离,但在该作用距离的实际运行环境下,难以满足工程使用需求。又如,在人体非静止状态下,目前生命医疗雷达难以实现对呼吸心跳信号进行有效探测。

为突破民用雷达关键技术瓶颈问题,亟须对民用雷达基础与关键核心技术攻关。

2.4.3　产业生态欠健全

我国民用雷达产业生态不完整，整体呈现小、散、弱的特点。当前我国民用雷达产业生态发展不充分、不协调，特别是在企业链与供需链方面，未形成有效的一致性发展。其核心原因是，民用雷达技术壁垒高、缩减成本困难，且受限于军民技术转换、知识产权保护等问题。掌握雷达核心技术的科研院所、具有特定领域产品优势的地方国企、专注于特定细分行业的民营企业缺乏有效的技术衔接与转化机制，导致供需链发展不充分、不协调。具体表现为，科研院所、地方国企主要面向国家重大需求、军事设备研发与生产，无暇顾及民用市场，因此民品非其核心业务；民营企业（如理工雷科、海兰信等）受技术研发投入与成本限制，产业处于非高端激烈竞争状态，长期靠拼低价取胜。目前高端产品市场被国外拥有技术、产品和完整服务体系的国际龙头企业垄断。

民用雷达的上述产业瓶颈在汽车雷达中表现尤为突出，德国汽车雷达的三大领军企业（博世、大陆、海拉）等国外主要巨头企业不仅在高性能汽车雷达器件制造方面技术卓越，并且采用的自动驾驶产品解决方案也拥有明显优势，2020年三家企业毫米波汽车雷达的全球出货量总共占据全球的45%。此外，2020年我国船舶雷达的市场份额80%以上被国外产品占有，其中70%以上为日本产品，几乎形成垄断趋势。穿墙雷达方面，全球前五大企业均为外资企业，占据了超过50%的市场份额。相比于国外领军企业，我国民用雷达企业处于起步阶段，面临融资困难、技术壁垒高带来的利润低、产品可靠性/稳定性不足、产品型谱不完整、软件专业性差等问题，因此大多尚未形成显著的市场规模并成为实力雄厚的龙头企业。为促进精尖技术的产业落地和市场化，亟须进行产业升级、行业协调与交流，以推动民用雷达产品打入国内外市场。

2.4.4　高端人才显缺乏

我国民用雷达缺乏技术、产业、金融复合型人才的原因包括以下几点。

（1）行业技术壁垒高。雷达具有典型的技术和知识密集型特点，涉及射频电路设计、雷达系统算法开发、大规模数字电路实现、高频天线设计以及量产运营等。各个方向对专业人才的需求较高，对通晓技术、产业、金融等的复合型人才需求更高。

（2）薪酬待遇低。民用雷达行业相关从业人员的工资较低，低于金融、咨询、互联网、银行和房地产行业。薪酬低是造成行业人才不足的重要原因之一。

（3）军工集团、国企对人才吸引力大。我国高端雷达人才，特别是具有优秀雷达系统设计能力的人才，大部分集中在研究院所从事军用雷达研制，而民用雷达产业中高端人才极为缺乏，创新动力不足。

第3章　我国民用雷达发展战略构想

3.1　战　略　目　标

3.1.1　近景目标：描绘重点任务发展蓝图，初步完成顶层规划布局

预计到 2025 年，我国将完成民用雷达部分重点领域、重点方向的顶层规划布局，明确其发展路线和发展蓝图，形成我国民用雷达的完整发展配套措施，为民用雷达技术和产业的发展提供基础性保障政策。

具体地，完成民用雷达标准的统一和频谱的规划，为各个方向民用雷达的发展破除政策性顾虑；军民融合配套措施更加完善；明确我国民用雷达在空天海洋、综合交通、公共安全、医疗健康方面的重点发展方向，分别包括天文前沿、无人驾驶、生态安全、智慧医疗等，并制定各个方向清晰的发展技术路线图；明晰我国民用雷达亟须攻关的关键技术，包括大数据及雷达智能处理、基础/核心器件供应、国产雷达软件，并提出针对性发展策略；完成核心产业的政策、时间和空间布局，围绕智能网联、智慧农业、智慧家居、商业遥感提出保障性配套措施，明晰产业升级战略。

3.1.2　远景目标：突破关键核心技术瓶颈，实现产业生态良性循环

预计到 2035 年，依托重点任务发展蓝图和顶层统筹布局规划，我国民用雷达突破关键核心技术瓶颈，实现产业生态的良性循环，并在部分领域实现民用雷达的全球引领性发展。

具体地，我国民用雷达在空天海洋、综合交通、公共安全、医疗健康等重点方向形成自主可控的技术体系，构建完成高精尖深空探测雷达体系，深空域目标主动观测能力达到并长期保持世界领先水平；完成以汽车雷达为核心的国产化智能网联汽车传感服务系统的建设，使标准化、产业化、智能化、网联化融合发展达到国际先进水平；构建完成空天地一体化的生态安全雷达监测网络，形成以星载 SAR 为主要普查手段，以地基地质灾害雷达、遍布全国的农业虫害监测雷达为定点详查的公共安全多源智能感知系统，公共安全治理体系与治理能力达到国际先进水平；建成医疗健康雷达完整服务体系，全方位保障人民生命健康。

实现大数据及雷达智能处理关键技术水平的全球领先，实现基础/核心器件供应、国产雷达软件等核心技术的自主可控，重点突破雷达芯片、射频电路等核心技术的瓶颈。雷达核心产业达到良性循环的健康状态，以雷达为核心的智能网联汽车传感服务系统产业链条高度本土化；农业雷达初步形成囊括农业遥感雷达、昆虫雷达、气象雷达等多种传感系统和农业农村部、地方政府等多个应用部门的产业链条；毫米波雷达在智能家居等下游产业中获得广泛应用；国产化商业卫星雷达遥感蓬勃发展，形成政府、企业、个人等多节点深度融合的发展模式。

实现部分领域民用雷达的全球引领性发展。通过理论创新和方法创新，提出民用雷达的原创性概念和方法，如提出前沿雷达智能感知技术、将民用雷达体制和方法拓展至无源感知、宽带宽谱感知等，以使民用雷达在部分领域达到引领全球雷达发展前沿技术，实现我国民用雷达后来居上的目的。

3.2　重　点　任　务

3.2.1　顶层政策制定

制定民用雷达多方位多层次的顶层政策，包括军民融合制度保障、标准制定、频谱规划、专项扶持等。

（1）加强军民融合制度保障。围绕雷达军民融合的技术转移、成果转化、保密措施等方面的瓶颈，制定相应的保障性措施。

（2）制定民用雷达标准。围绕初具产业规模的民用雷达领域，结合领域内相关民用雷达从业单位的需求，制定民用雷达国家标准、行业标准等。特别地，以国外壁垒较高的领域和具有非凡发展潜力但技术仅初步凸显的新兴产品为重点关注对象，制定相应的标准。

（3）合理规划民用雷达频谱资源。与标准同步，围绕新兴技术，迅速规划重点领域的频谱分配。特别地，以毫米波雷达为重点关注对象，开展其在智能网联汽车、智慧交通、智能家居、安防、工业自动化等领域的频谱资源需求调研，并合理规划频谱。

（4）加大专项扶持政策力度。围绕民用雷达核心关键"卡脖子"技术、产业链关键瓶颈环节，通过加强专项扶持政策、设立专项基金等方式，达到群策群力突破核心环节的目的。

3.2.2 重点发展方向

围绕"人机物"万物互联中的"雷达+"，重点推动空天海洋、综合交通、公共安全、医疗健康等方面的民用雷达发展。

1. 空天海洋：天文前沿

构建高精尖的天文雷达体系，深空域目标主动观测能力达到并长期保持世界领先水平。

建设全天时、全天候、远距离、高精度、广覆盖、自主化的大孔径深空探测雷达等先进雷达系统。突破大口径天线与高功率发射设备研制技术，全面提升雷达系统观测距离、探测分辨率及测量性能，并针对月球、近地小行星、类地行星等目标的不同观测需求，逐步形成阶梯形雷达观测体系与雷达观测资源的合理配置；构建基于低信噪比下天体目标检测技术和信息反演技术的深空探测雷达信号处理体系，推动雷达探测信号模型建立与处理方法的创新发展,为近地小行星撞击防御与行星科学研究提供智能化信息支持;搭建深空探测雷达信息获取、信息存储和信息处理的深空域信息服务架构,建设具备雷达控制、雷达处理结果显示、数据存储与共享等功能的高性能计算平台与大数据处理中心,逐步形成大规模、多层次的深空域信息服务架构。

2. 综合交通：无人驾驶

建设技术先进、全国覆盖、高效运行的国产化智能网联汽车传感服务系统,标准化、产业化、智能化、网联化融合发展达到国际先进水平。

利用毫米波雷达的优势,围绕国家交通强国的建设方针和"新基建"战略发展方向,从车端和路端着手,构建毫米波雷达、摄像头等多种传感器信息融合感知系统,实现道路动态目标的高精度位置测量、高可靠性信息抓取、多源异构信息高维融合等需求,为无人驾驶汽车和道路交通精细化管理提供强有力的基础数据支撑;完成云端建设,收集毫米波雷达和实时视频数据,训练自动驾驶算法;建设云端高精度地图为自动驾驶提供实时环境模型及动态信息;完成路段互联网化建设,以毫米波雷达等传感器为核心的实时车路协同技术可为自动驾驶车辆提供协处理。通过标准智能汽车的技术创新、产业生态、路网设施、法规标准、产品监管和信息安全体系框架建设,构建国产化智能网联汽车传感服务系统。

3. 公共安全：生态安全

构建完成空天地一体化的生态安全雷达监测网络,公共安全治理体系与治理能力达到国际先进水平。

逐步形成以具备全国覆盖能力的星载 SAR 和气象雷达为主要普查手段,地基地质灾害雷达、农业虫害监测雷达为定点详查的公共安全多源智能感知系统。通过逐步提高民用星载 SAR 的数量和质量,迅速提高天基雷达在地震、滑坡、泥石流、洪涝、海洋溢油等各类灾害的时间观测频率和空间覆盖范围;完善多种气象雷达的器件水平与信息处理能力,提高降水、雷暴、龙卷风、下击暴流等多种气象现象的观测能力,提高大、中、小尺度气象的预测水平；依托地基雷达，开展矿山、滑坡区域、水利水坝、交通设施等重点区域的详查；通过高性能昆虫雷达，沿主要迁飞性害虫迁入我国的路径布置组网，实现对其迁飞种群的实时监控，有效监测与预防农业迁飞虫害；综合利用多种雷达监测系统，组建天空地一体化的多种灾害的多层次、多时相、多尺度联动观测网络。

4. 医疗健康：智慧医疗

建成服务人民生命健康的生命医疗雷达服务体系，支撑智慧医疗的建设，全方位保障人民生命健康。

推进雷达技术在灾后搜救、健康监测及前沿探索（医疗检测、驾驶监测）等领域的应用。以雷达技术为核心，结合智能硬件、物联网、大数据、人工智能等新兴技术，形成标准化、系列化、无人化、智能化、高端化、服务化的灾后搜救装备；形成智能、准确、高效运行的健康监测和医疗检测服务体系；推进雷达技术在医疗、康复、护理、养老等构成的大健康体系中的全方位应用，促进雷达技术在医疗服务、卫生管理、居民服务等多种场景下的推广。

3.2.3　关键技术攻关

面向"十四五"及 2035 年，我国民用雷达需攻关多种关键技术。

1. 构建雷达智能处理框架

构建雷达智能处理系统，大幅提升民用雷达智能化处理能力、解译能力，并位居世界前列。

提高基于知识辅助的雷达信号处理水平、基于深度学习的雷达信号处理水平；大力发展智能化雷达信号处理、多平台雷达协同感知群体智能、多源信息融合的跨媒体智能感知、人机混合增强智能感知、自主智能感知系统；提高数据域、图像域、目标参数域等多域特征提取和自动目标识别等多种雷达信息智能解译水平。

2. 构建自主保障的民用雷达核心器件供应体系

构建自主保障的民用雷达核心器件供应体系,破除民用雷达系统关键环节"卡脖子"问题。

大力推进雷达微波天线、模拟电路、基带电路、高端射频器件、处理器等民用雷达系统核心器件的研制建设工作,特别地,着重促进民用雷达先进数字芯片和模拟微波芯片的快速发展。鉴于通用电路和通用芯片的发展须以全国的科技和工业力量为支撑基础,因此这里主要强调的是在民用雷达专用器件技术上的突破,重点发展以毫米波雷达芯片为代表的民用雷达专用芯片。

3. 构建全链路国产雷达工业软件系统

建设全链路国产雷达工业软件系统,大幅提高国产软件在民用雷达关键设计环节、信号处理过程以及信息解译应用中的渗透率。

大力促进民用雷达微波领域中电磁仿真、天线设计、射频电路设计等高性能软件研发,破解国外软件著作权垄断的严峻局面。开发并推广民用雷达国产信号处理软件,大幅提高商业化程度高的处理软件的国产渗透率,如汽车雷达、生命医疗雷达、商用遥感雷达领域中的信号处理软件。构建适用于我国研发人员的民用雷达信息解译与应用可视化操作软件,促进以雷达大数据处理与显示为核心的信息解译软件的开发,并注重用户友好界面、人机交互体验理念的注入。

4. 构建"雷达+"多元数据融合平台

构建"雷达+"多元数据融合平台,充分发掘多雷达信息、多传感信息以及多种环境信息等多元数据融合的巨大潜能。

构建面向雷达智能处理的大数据库,形成多部雷达、多时空尺度的海量雷达数据库,同时考虑海量数据的存储、快速读取以及多源信息的关联匹配;构建与雷达深度关联的多传感目标信息数据库,联结多波段微波雷达传感器、激光雷达传感器、超声波雷达传感器、光敏传感器、热敏传感器等多个传感器下的目标信息，为发掘万物互联机制、提升多传感感知信息能力提供必要信息；构建与雷达深度关联的多种环境信息动态数据库，以提高雷达系统的自适应能力。

3.2.4　核心产业发展

1. 推动雷达智慧交通产业应用

借助我国在智能交通、智能网联汽车等领域快速发展的有利时机，加快毫米波雷达上游原材料和零部件、中游雷达系统、下游 ADAS 系统和路侧交通检测系统等产业链的升级，突破毫米波雷达芯片垄断局面。依托汽车毫米波雷达，融合激光雷达、超声波雷达、光学传感器，加强 ADAS、自动驾驶中传感器解决方案及产品的升级。布局路侧毫米波雷达产业，加大汽车毫米波雷达、路侧毫米波雷达等产品的国产化力度，形成车、路、云协同的信息系统。

2. 发展雷达智慧农业产业应用

综合星载 SAR、探虫雷达、天气雷达组网等多种测量手段，充分利用这三种手段探测范围大、测量精度高、可协同探测的优势，大力发掘多种时空尺度和测量精度的农业雷达产品。利用星载 SAR 推出耕地面积评估、农业灾害预警、产量评估等多种业务，形成成熟的数据分析软件产品和数据资料产品产业，服务国家农业生产健康化、现代化发展。在昆虫迁飞要道部署探虫雷达，形成迁飞性害虫的种类辨识、态势监测和迁飞动态预测等多种产品，在探虫雷达体制、显示控制软件、数据处理算法等方面开展先进产品研究，占领探虫雷达产业高地，深耕国内市场，拓展国际市场。借助天气雷达组网技术，大力发展百千公里尺度农业迁飞性害虫监测技术，利用雷达数据感知迁飞昆虫灾害发生程度，并结合气象宏观预测预报数据，推进虫害发生态势宏观预测预警技术的研发，促进雷达在智慧农业领域中农业虫害防治等场景的应用。

3. 布局雷达养老家居产业应用

基于毫米波雷达极高灵敏度的探测性能，大力推广雷达在住宅设施、家庭日常事务等养老家居中的应用。利用毫米波雷达感知人体呼吸心跳、睡眠质量、手势体态等多种人体信号，将毫米波嵌入家庭设施，形成高灵敏度交互传感系统。加强毫米波雷达在独居人群、烧伤病人、精神病人、传染病人、婴幼儿、非配合人员、睡眠障碍人员等特殊人群的医疗监护作用，促进雷达在智慧医疗、机构养老、社区居家养老等场景的应用，与各医疗机构、养老服务机构合作，开展一批行业示范应用专项；加强毫米波雷达在下游 C 端（消费者）家庭用户和 B 端（企业）房地产、家装公司客户的合作，促进毫米波雷达在智能空调、可视门铃、智能中控等各类家庭设施的运用。

4. 探索雷达商业遥感产业应用

大力发展包括星载、机载在内的商业遥感，充分发挥 SAR 实时、大范围、多频次、全天时、全天候监测的优点。优先支持星载 SAR 在城市规划建设、全国路网与交通基础设施规划、应急减灾、地理测绘、水土涵养等多个陆地领域的应用；推动星载 SAR 在探测海浪、海流、海冰、风场、溢油污染、海岸变迁、船舶检测等方面的应用，增强雷达在海事安全管理中的重要作用，以达到增产、减损的目的。

第4章 我国民用雷达战略发展建议

尽管我国民用雷达目前处于快速成长的阶段，但其仍在技术、产业、政策等方面面临诸多瓶颈问题，为此，本章从协调发展、创新发展、开放发展等多个角度提出相关战略发展的总体建议。此外，针对未来我国民用雷达重点发展方向，本章提出多个专题建议。

4.1　总　体　建　议

4.1.1　坚持协调发展，强化顶层战略谋划布局

1. 完善民用雷达顶层规划与战略布局

设立民用雷达行业主管部门，并出台中长期规划。建议在工业和信息化部或相关部门设立民用雷达行业主管部门，由主管部门牵头实施民用雷达的规划、规范等各项政策的制定与民用雷达行业的运营和管理，并从国家层面出台民用雷达产业中长期发展规划，包括传统领域民用雷达布局的完善、新兴领域民用雷达的长远布局、不同地区民用雷达的均衡发展等。

积极发挥军民融合在民用雷达顶层战略布局中的引领作用，完善军民雷达资源管理与配置措施。一是将雷达军民融合列入国家发展目录，设立国家重大专项基金资助，体现国家军民融合战略的产业地位。二是在国家层面建立协调发展推进机制，打破军工垄断机制，依托"国家军民融合公共服务平台"建立雷达军民融合信息共享平台，构建开放、平等的竞争环境。三是合理调整军民资源配置，适当向民营企业提供政策性倾斜与保障，

改善民营企业生存压力,激发民营企业市场竞争活力。

2. 加强雷达行业规范制定

加强雷达行业规范的制定与完善,重点围绕民用雷达的标准和频谱资源管理开展统筹制定工作。

(1)完善关键领域民用雷达标准。由国家标准化管理委员会牵头,中央军民融合发展委员会办公室与行业组织配合,梳理并完善军民用雷达的国家/行业/企业标准。围绕初具产业规模的民用雷达领域,结合领域内相关民用雷达从业单位的需求,完善民用雷达国家标准、行业标准等。特别地,重点关注毫米波雷达在综合交通、公共安全、医疗健康中的应用,填补民用雷达标准在智慧交通等当前前沿领域中的空白,并持续关注民用雷达在智能家居、智慧医疗、安防、工业自动化、消费电子等未来极具产业市场前景的相关领域的标准需求,并保证标准制定与完善的时效性。此外,规范第三方测评机构民用雷达产品检测认证体系,并加强认证能力建设。

(2)完善民用雷达频谱资源规划与管理。与标准同步,围绕新兴技术,迅速规划重点领域的频谱分配。建议由工业和信息化部牵头、行业组织配合,梳理、规划、完善民用雷达频率分配政策。特别地,同标准类似,以毫米波雷达为重点关注对象,开展其在智能网联汽车、智慧交通、智能家居、安防、工业自动化、消费电子等领域的频谱资源需求调研,并合理规划频谱。目前,公路交通雷达是需要重点发展但频谱规划尚不明朗的领域,由于频谱政策与企业研发的积极性直接相关,并进一步影响了这一领域产品的国产化进程,因此需尽快部署这一领域的专属业务运行频段。同时,由工业和信息化部国家无线电监测中心牵头,中央军民融合发展委员会办公室等相关部门协助建立军民两用雷达频谱规划管理制度,解决军民两用雷达的电磁干扰与兼容问题。

3. 加大民用雷达政策扶持力度

在专项计划方面,设立民用雷达重大技术专项研究课题、应用推广专项/行业示范项目、国家和地方基金,并联结研究所、高校、企业等相关研发机构进行集智联合攻关，突破核心器件"卡脖子"的制造难题。特别地，在关键核心技术方面，可设立雷达芯片的重大技术专项研究课题，联合相关研发机构，集中突破民用雷达芯片技术和民用雷达的性能可靠性问题。在应用推广方面，可设立基于昆虫雷达和气象雷达的空中生态监测示范项目。同时，还可依托民用雷达主管部门设立民用雷达国家、部门、行业各层级科学技术奖项的专用评审通道。

通过政策加大国产民用雷达技术投入与产品保护力度。由行业组织协助国家知识产权局加大知识产权保护工作力度（如建设专利池以保证技术交易和流动的合法合规），在此基础上加强各从业单位的技术交流、国内外合作单位的技术交流，实现军用技术转民用和各单位间的技术互补。通过政策鼓励、价格竞争等方式，提高国产产品的市场率，以推动国产化进程。特别地，对于被国外严重垄断的雷达领域（如汽车雷达、船舶雷达等），可设置较高的国产市场率，如在同样的价格和技术参数要求下，至少应有1/3的用户选用国内产品。

加强对民营企业的财税金融政策扶持。一是依托国内优势企业，建立"独角兽"培育机制，对我国优秀的民营雷达企业给予减税降费等政策支持，减轻企业负担，加速科研攻关和产业发展，提高企业积极性，打造并扶持一批具有国际竞争力的民用雷达领军企业。二是畅通民用雷达企业融资途径，鼓励社会资本投入到我国民用雷达产业，使民用雷达企业有更多资金投入研发和生产。三是进行市场分级，为民营企业创立市场空间，在中小规模市场产品招标中，适当向中小型民企倾斜；在大中规模市场产品招标中，向国企牵头、联合中小型民企的投标适当倾斜；同时也注意落实加强民企安全保密监管。四是强化激励措施，包括探索公司组建合伙人制，推行创新骨干持股；建立市场化薪酬体系，实现股权分红、项目收益分红、岗位分红等多元化激励。

4.1.2　坚持创新发展，加强关键核心技术攻关

加强民用雷达前沿科学技术发展方向的布局，并针对当前民用雷达的主要"卡脖子"瓶颈问题，围绕雷达智能处理、核心器件、工业软件、多

元数据库进行攻坚克难,设立民用雷达专项规划,实现多种"卡脖子"瓶颈问题的突破。

(1)加强民用雷达前沿科技布局。加大前沿技术和颠覆性雷达创新概念的研究投入力度,催生更多原创性成果,以达到引领民用雷达全球性技术革命的目标。支持高性能微波光子高分辨雷达、太赫兹高分辨雷达、量子雷达等设备的研制和发展,推进雷达在太空、海洋、极地等前沿领域的探索和应用。此外,在我国民用雷达重大需求牵引下,进一步凝练重大雷达仪器中涉及的科学问题,达到推进科技前沿的目的。

(2)大力发展民用雷达智能处理系统。构建雷达智能处理系统,大力发展智能化雷达信号处理、多平台雷达协同感知群体智能、多源信息融合的跨媒体智能感知、人机混合增强智能感知、自主智能感知系统。

(3)攻克民用雷达核心器件瓶颈问题。针对民用雷达关键器件薄弱环节,加大生产工艺核心环节投入,促进并带动雷达核心关键部件、整机、系统等多个层次系统工艺的联动发展;通过国产保护政策促进民用雷达国产核心器件的应用和推广,实现以内循环带动民用雷达国产器件的研发和更新。

(4)建设全链路国产雷达工业软件系统。大力促进民用雷达微波领域中电磁仿真、天线设计、射频电路设计等高性能工业软件的研发,开发并推广民用雷达国产信号处理软件,大幅提高商业化处理软件的国产渗透率,如汽车雷达、生命医疗雷达、商用遥感雷达领域中的信号处理软件。

(5)构建"雷达+"多元数据融合平台。构建多部雷达、多时空尺度的海量雷达数据库,与雷达深度关联的多传感目标信息数据库,以及与雷达深度关联的多种环境信息动态数据库,以充分发掘多雷达信息、多传感信息以及多种环境信息等多元数据融合的巨大潜能。

4.1.3　坚持开放发展,共筑民用雷达创新生态

1. 构建共享平台

通过产业管理组织促进各从业单位之间形成研发、技术、市场协调发展的良好局面。共建政、产、学、研、用、金"六位一体"的共享平台,

以打造健康的产业生态；国家相关产业管理组织促进各从业单位之间形成研发、技术、市场协调发展的环境，成立民用雷达产业联盟，联合、协调并规范产业上中下游企业，整合并构建囊括产学研用的完整高新技术成果转化路径，避免低层次、重复性竞争，以形成良性竞争格局，并使民用雷达在国家重大需求中发挥重大作用。基于各类共享平台，加强并鼓励国内外多方技术交流与合作，增进国际合作的深度和广度。

2. 布局雷达产业

一是以点带面，形成产业集聚效应。考虑不同地域的优势特征和地方的发展需求，选择部分地区进行产品试点，在达到初步成效的基础上推广产品应用，并可进一步布局雷达专属工业园区，以带动地方经济，形成产业集聚效应。例如，针对应用于机场的 FOD/探鸟雷达，可考虑民航不同地域、规模等具体情况，在全国范围内选择 5~10 个具有典型代表意义的机场，进行试点工作。二是以产业链关键环节、价值链高端的技术与产品为核心，积极推动社会资本投资，创造社会价值，同时促进雷达上下游产业协同发展。三是选择重点发展领域，推动建设民用雷达技术测试试验场地。部分民用雷达领域被国外垄断，导致国产产品性能可靠性不足并形成恶性循环，其主要原因之一是缺乏持续的测试环境，针对这一问题，可选取重点雷达领域（如综合交通领域雷达，包括船舶雷达、汽车雷达等）推动建设符合国际标准的在环试验场地，以高效的方式获取实验数据、算法有效性评估结果、产品解决方案性能等。

3. 促进产业协同发展

促进产业协同，依靠相关产业的发展带动民用雷达产业的升级。大力促进集成电路产业的整体革新与升级，以带动民用雷达领域突破雷达芯片等核心元器件的"卡脖子"问题。大力促进节能新能源汽车工业体系和创新体系的升级，以带动智能网联汽车、智慧交通的快速发展，进而推动车载雷达系统等关键零部件的技术突破与产业发展。大力发展新型基础设施建设，在城际高速铁路、城市轨道交通、人工智能、工业互联网等重要领域的发展中带动民用雷达这一关键传感系统的蓬勃发展。

4. 培育复合型人才

1）培育、引进高端人才，提高领域创新活力

结合产业所需，培育、引进专用高端人才。特别地，通过大力培养和引进等方式，重点提升模拟集成电路、混合集成电路和微波集成电路等方面的研发人才、"自主可控"发展需求的核心人才、投融资的金融专业人才等的数量和水平。亟须构建产学研一体的人才培养路径，打通产业与高校的人才交换壁垒，鼓励产教融合，联合产业链相关领域的头部企业，通过联合培养、共建实习基地、联合开发等多种形式，建立囊括企业、研究所、高校的联合培养机制，培养理论素养和工程化能力兼具的专业技术人才，并通过对高校雷达相关专业进行政策倾斜，增加对应专业硕士博士招生名额，提高人才培养数量，以填补民用雷达人才缺口。

2）通过人尽其才、保证待遇等方式，做好人才巩固保障措施

完善多种激励机制，做好核心技术人才的保护工作。采取有效的薪酬体系、激励政策等措施，吸引和保留优秀人才；联合高校、科研院所，通过岗位培训、学术技术交流、专家互访、出国进修学习、科学考察等方式加快业务带头人及技术骨干队伍的建设。

4.2 专 题 建 议

4.2.1 发展大孔径深空域主动观测雷达设施

1. 需求与必要性

随着科技与社会的快速进步，深空域探索已成为人类未来发展的必由之路。通过大孔径深空域主动观测雷达拓展对深空域目标的观测能力，可以支撑近地小行星撞击防御工程建设等国家安全重大需求，带动我国类地

行星、近地小行星及地月系统演化溯源分析等前沿科技创新的研究，服务于小行星着陆取样、月球基地建设等深空探测任务。全天时、全天候、远距离、高精度、广覆盖的大孔径深空探测雷达系统将成为民用雷达未来重要的发展内容和未来深空探测与近地小行星防御体系的重要组成部分，将强有力地保障我国国家安全与航天强国建设。

2. 工程任务

2025 年前后，完成深空域信息服务架构搭建，解决深空探测雷达信息获取、信息存储和信息处理问题，建设多功能、高性能计算平台与大数据处理中心；建立智能化深空探测雷达信号处理体系，拓展深空探测雷达系统有效观测能力，为深空探测提供智能化信息支持。

2030 年前后，完成大孔径深空探测先进雷达系统建设，解决广域覆盖、高实时性、高分辨率、高可靠性、响应迅速等技术难点，突破大口径天线技术与高功率发射技术，形成对深空域天体目标高分辨率观测能力。

2035 年前后，完成精尖的深空探测雷达体系全面构建，为近地小行星撞击防御与行星科学研究中存在的技术难题的解决提供关键技术支撑，突破低信噪比下天体目标检测与高分辨率成像等关键技术，同时针对不同深空域目标的观测需求，逐步形成阶梯形雷达观测体系与雷达观测资源的合理配置。

为实现大孔径深空探测先进雷达系统的工程建设，需重点解决电子、控制和机械等领域的核心科学问题，突破大口径天线研制、雷达信号处理技术、高性能大数据处理平台搭建等方向的工程技术问题。

（1）大口径天线优化设计。研究设计具备高效率、高相位稳定性、高测量精度的大口径天线结构，实现深空域目标雷达回波微弱信号有效接收。

（2）深空探测雷达信号处理技术。研究低信噪比下天体目标检测与高分辨率成像中的新方法、新技术，拓展深空探测雷达系统有效观测能力。

（3）高性能大数据处理平台设计技术。研究深空探测雷达信息大规模并行处理技术，建设高性能计算平台与大数据处理中心，解决深空探测雷达信号的实时处理问题。

3. 工程目标与效果

建设大孔径深空探测先进雷达系统,建立深空探测雷达信号处理体系,搭建空间信息获取、信息存储和信息处理的多层次深空域信息服务架构,全面构建精尖的深空探测雷达体系,提升对深空域目标高分辨率观测的能力,实现对近地小行星撞击防御与太阳系行星科学研究等多领域观测需求全覆盖,推进新一代军民融合信息获取与服务模式构建。

通过重点设备研制和系统建设,掌握深空探测雷达体系中的关键核心技术,突破深空探测与雷达领域中的"卡脖子"问题,建设一系列深空探测雷达系统,形成超大孔径深空探测雷达技术研制、测试、运行与维护的成熟体系,保障我国在雷达深空探测领域长期保持世界领先水平。

4.2.2　建立国家迁飞性害虫预警与防控体系

1. 需求与必要性

迁飞性害虫每年会在较为固定的时间,沿着较为固定的路线进入我国。其中南方地区重要的迁飞通道是湘桂走廊、武夷山通道以及云南边境澜沧、江城地区,而北方最重要的迁飞通道为渤海湾通道。这些迁飞性害虫入境后又经过多代繁衍,给我国农业生产造成了巨大损失。据统计,我国常年的迁飞性害虫发生面积高达 10 亿亩次,迁飞性害虫防治所需的时间和费用分别占所有病虫害总防治时间和费用的 41%和 43%。按此比例计算,2019 年我国农民防治迁飞性害虫的总成本超过数十亿元。

我国现行的病虫害预测预报和防治体系存在短板,无法对迁飞性害虫实行有效截杀。根据 2020 年对全国 7 个省区市 28 个县(市、区)564 位农技人员的随机调查,乡镇农技部门从事农业技术推广工作的时间仅占全年工作时间的 27.3%,调查所涉及的全部植保技术人员从事乡镇行政工作,未发现其从事预测预报工作。除了农业农村部在全国一些县(市、区)布置的观察点能够获得的一些信息外,多数基层病虫害预测预报体系基本上未发挥作用，很多县（市、区）都是在病虫害已在当地发生的情况下才开始防治工作。此外，我国现行的病虫害防治体系主要是针对农作物的生产，不能对杂草等寄主上的迁飞性害虫开展灭杀，造成害虫通过迁飞通道繁衍后形成大流行，给国内农业生产造成巨大损失。因此，必须依靠先进技术手段补上预警和防控短板，从根本上解决迁飞性害虫这一痼疾。

2. 技术基础

我国新研发的可准确预警和截杀迁飞性害虫的原创核心技术为建立迁飞性害虫预警防控体系奠定了重要基础。在国家自然科学基金国家重大科研仪器研制项目资助下，北京理工大学与中国农业科学院联合研发出具有自主知识产权的迁飞性害虫监测预警与拦截灭杀原创新技术，可在准确预警的基础上将迁飞性害虫基本拦截在国境线上。

一是高分辨全极化昆虫雷达技术，实现害虫种类监测全覆盖。这一技术可在 1.5 km 距离处检测到体重 100 mg 的昆虫，距离分辨率可达 0.2 m，可成功获取昆虫迁飞种类、高度、数量、密度等信息。这个雷达已在较为固定的迁飞路线上实现对草地贪夜蛾、苹梢鹰夜蛾、粘虫、黄脊竹蝗等主要迁飞性害虫的实时有效监测及预警，准确监测虫口密度与迁飞时间。

二是基于气候雷达网的迁飞性害虫监测技术，大幅提高监测准确率。这一技术可对空中迁飞性害虫进行百千公里大尺度的宏观态势实时监测。在气候雷达覆盖范围内，迁飞昆虫监测准确率可达 80%以上。进一步利用气候、气象等环境信息，对迁飞性害虫的发生趋势进行定性预测预报。

三是多光谱激光诱虫灭虫装置，可将害虫扼杀于"摇篮"之中。这个装置可根据害虫对不同波长紫外光的趋光性对其进行诱导和物理灭杀，装置激光束的有效诱虫和杀虫距离为 0～1500 m。当接收到迁飞性害虫的预警信息后，这个装置与昆虫雷达配合使用可以在指定方向上开展诱虫和杀虫作业，并在杀虫过程中根据装置中的图像检测来反馈杀虫效果。在云南边境的试验结果表明，多光谱激光诱虫灭虫装置的杀虫率可达 60%～80%。

上述核心技术不仅可对迁飞性害虫实施国境线截杀，而且可进行全国各地迁飞性病虫害的宏观态势监测与趋势预报，从而弥补我国基层病虫测报短板，为我国建立全新的迁飞性害虫预警防控体系创造了条件。目前，高分辨全极化昆虫雷达已完成原理样机研发与成套生产，已在云南澜沧、江城、寻甸开展了长期运行，达到产品定型与推广应用水平。

3．政策建议

尽快建立布置在迁飞路线上由专业防控队伍组成的拥有监测与预警雷达及高效诱虫杀虫装置的全新迁飞性害虫防控体系，是对迁飞性害虫进行国境线截杀、保障农业生产安全的有效手段。

一是建设迁飞性害虫预警雷达组网，实现对主要迁飞性害虫的实时监控和预警。基于所研发的高分辨全极化昆虫雷达，沿主要迁飞性害虫迁入我国的路径布置组网，实现对迁飞种群的实时监控和预警。

二是建立全新的迁飞性害虫专业防控机构，开展对迁飞性害虫的国境线截杀。在实现雷达组网的基础上，在迁飞性害虫常年迁飞路线所在地区，布置移动式多光谱激光诱虫灭虫装置，同时依据现有农技结构，补齐或设立专门的防控机构，开展对迁飞性害虫的国境线拦截作业，建议这个防控机构直属农业农村部管理，便于随时掌握迁飞性害虫进入国境的虫口密度并提出相应的防控措施。

三是设立迁飞通道害虫防控专项投资，主要用于在迁飞通道安装预警雷达组网，预计组网 150 台套，预计费用约 3 亿元，按照现已研发成功技术的成本，完成这一组网的总费用不仅远低于这些害虫给农业生产带来的损失，更低于每年国家花费在迁飞性害虫防治上的费用。同时，加强迁飞通道地区的病虫害防治机构建设，培训一批掌握迁飞性害虫国境线截杀知识与技术的专业防控人员，为农业生产保驾护航。

四是开展对区域性害虫预警技术的研究，建立遍布全国各地的农作物病虫害智慧防控体系。关于气候变化与农作物病虫害发生的关系研究，我国已有大量的研究成果。然而，这些成果较少运用到农业生产上。建议基于气候雷达迁飞性害虫预警技术的研究成果，开展其他病虫害预测预报的相关研究，尤其是一些流行性作物病害的防治研究，以及应用于各地的专业技术与设备研究，从而实现不同地区农作物病虫害的分阶段预警与实时预警，以替代传统的人工观察，减少病虫害对农业生产造成的损失。

4.2.3　完善我国民用雷达频率规划

1. 需求与必要性

民用雷达已经并将继续在我国经济社会生产生活各个方面发挥"探测""交互""融合"等关键作用。预计未来，民用雷达更加关联于人民生活、社会生产的方方面面，成为真正无处不在的传感触角。以毫米波雷达为例，当前其已在高级驾驶辅助中发挥重要作用，预计未来将在智能网联汽车、智慧交通、智能家居、安防、工业自动化、消费电子等多个生产、生活领域扮演更加重要的角色。由于民用雷达涉及的领域众多，频谱资源十分紧张，频谱政策与企业研发的积极性直接相关，并进一步影响了这一领域产品的国产化进程，因此迫切需要开展我国民用雷达频率规划工作。

2. 重点任务

1）完善民用雷达频谱管理体系

建议加强工业和信息化部无线电管理局在无线电频率管理工作上的引领作用，参考国际相关雷达设备无线电管理方式，结合新兴产业发展现状，制定适应我国新时代发展的民用雷达设备频率管理规范，覆盖民用雷达频谱分配的申请和政策制定、发布、实施、调整、监督等多个管理环节，以促进我国产业发展和资源高效率管理配置。

2）梳理民用雷达现有频谱政策

建议由民用雷达频谱管理小组梳理民用雷达当前频率分配政策。针对当前已获得批准的民用雷达，详细梳理其使用时间、空间、频率范围以及功率等主要参数，并进一步论证带内辐射与一定范围内的带外辐射效应。

3）完善民用雷达频谱规划与技术指标

建议由民用雷达频谱管理小组牵头，广泛召集民用雷达行业用户、科研院所、民营企业、高等院校、地方政府等多方面单位，论证民用雷达短期与中长期发展趋势与主要技术与产业需求。进一步，基于民用雷达主要需求，充分考虑民用雷达之间的时空工作区间和频率分布范围，完善民用雷达短期和中长期的频谱规划，以提高系统间兼容共用水平，更加高效地使用频率资源。

具体地，在重点领域上，毫米波雷达是当前亟须确定频段的领域。其中，发展车载雷达和路侧交通雷达是智能网联汽车、智慧交通发展的必要环节。我国车载雷达已规定使用 76～79 GHz 频段，但对于路侧交通流量雷达，目前尚未确定采用 80 GHz 频段还是 94 GHz 频段，国内外大部分设备商都处于小规模投资跟进的观望状态。我国 77 GHz 频段雷达处于追赶国外状态，国外已有成熟套片产品，而 94 GHz 频段，国内外都还没有这一频段的适用芯片。建议交通流量雷达采用 94 GHz 频段，此举可引导国内产业资本大规模进入 94 GHz 芯片的研发生产，带动我国毫米波芯片、毫米波雷达、智慧交通等一系列上下游产业的发展，促进我国产业在相关领域确立国际领先地位。此外，面向人体交互与健康监测的毫米波雷达也是亟须考虑的应用，其具体频率划分可在包括 60 GHz 频点在内的雷达频率范围内充分考虑。

在方法上，除频率分集手段外，可考虑时间、空间、能量等不同维度的区分，从多维度视角考虑频谱划分问题。例如，FOD 探测雷达与部分气象雷达频率有重合，但前者主要工作于机场厂区，且其辐射功率主要朝向地面，能量外溢有限，后者主要安装于气象站周边，其辐射功率主要朝向天空。两者在空间上可分，可以考虑共用某一频段。

3. 目标与效果

通过民用雷达频谱管理办法，梳理频谱，完善频谱规划，有效降低甚至解除企业大力支持前沿先进技术的限制与大规模投产民用雷达优良产品的政策性顾虑，从而有效激发企业的研发与生产积极性，促进民用雷达的技术革新与产业升级。

第二篇

大规模智能网络教育体系建设及发展战略研究

周立伟　王涌天　刘　越

网络教育是以互联网为代表的现代信息技术与教育深度融合所产生的教育新形态,是运用互联网、人工智能、虚拟现实和5G通信等现代信息技术进行教与学互动的新型教育方式,是教育服务的重要组成部分。习近平高度重视在线网络教育发展。2015年,习近平致信祝贺国际教育信息化大会开幕,指出,"当今世界,科技进步日新月异,互联网、云计算、大数据等现代信息技术深刻改变着人类的思维、生产、生活、学习方式,深刻展示了世界发展的前景","中国坚持不懈推进教育信息化,努力以信息化为手段扩大优质教育资源覆盖面。我们将通过教育信息化,逐步缩小区域、城乡数字差距,大力促进教育公平,让亿万孩子同在蓝天下共享优质教育、通过知识改变命运"。[1]2019年,习近平向国际人工智能与教育大会致贺信,指出:"中国高度重视人工智能对教育的深刻影响,积极推动人工智能和教育深度融合,促进教育变革创新,充分发挥人工智能优势,加快发展伴随每个人一生的教育、平等面向每个人的教育、适合每个人的教育、更加开放灵活的教育。"[2]

2020年初暴发的新冠疫情以前所未有的速度在全球迅速蔓延,成为一百多年来的首次全球性大规模流行性疾病,给全世界范围内的政治经济形势带来重要影响,造成重大冲击,教育领域也不例外。我国教育领域积极应对,部署疫情防控工作,教育部推出延迟开学和"停课不停教、停课不停学"等系列措施。在国内疫情得到有效控制后,安排学校进行复课复学工作。2023年5月5日,世界卫生组织宣布新冠疫情不再构成"国际关注的突发公共卫生事件"。对此,中国外交部发言人汪文斌2023年5月8日在例行记者会上表示,这标志着人类社会携手抗击病毒取得了重要胜利。

网络教育正在从促进教育发展的外在力量转变为内生动力,党和国家

① 《习近平致国际教育信息化大会的贺信》,http://politics.people.com.cn/n/2015/0523/c1024-27045935.html[2023-07-09]。

② 《习近平向国际人工智能与教育大会致贺信》,http://cpc.people.com.cn/n1/2019/0517/c64094-31089212.html[2023-07-09]。

都高度重视通过信息技术与教育的深度融合创新来实现教育的重大结构性变革，作为一种新的教育形式，网络教育备受关注。网络教育可持续发展是政府、学校、社会、行业所面临的全新课题。现阶段网络教育在我国实现了前无古人的高速发展，教师的信息技术应用能力呈现出快速提高趋势，信息化技术水平也在高速增长，网络教育在教育改革发展中的作用飞速提升，国际影响力日益增强，网络教育从 1.0 时代升级到 2.0 时代，人工智能、虚拟现实、大数据技术对教育的革命性影响逐渐显现。然而，伴随着新冠疫情的持续存在和国家"双减"政策的出台，我国网络教育的发展仍然显示出一些不足，主要表现在高速流畅通信网络没有完全普及、人工智能支持个性化学习关键技术尚待突破、教育均衡发展不足、师生智能教育素养还需进一步提升以及信息安全防线有待加强等。

为了促进网络教育更好地发展，促进教育公平，在中国工程院的支持下，项目组在甘肃、宁夏、江西、四川、北京等地系统地开展了关于网络教育的调研工作，并起草了《关于发展在线教育促进教育公平的提案》，在起草过程中征求了多位中国工程院院士的意见，并根据其宝贵建议进行了多次修改。2021 年 3 月在中国人民政治协商会议上提出这一提案，建议尽快将中小学教育专网的建设列入国家新基建项目规划，建立优质在线教育资源库，支持对新技术塑造未来教育形态的研究，加强校外在线教育监管，呼吁在线教育主动权不能掌握在资本手中。

这一提案得到新华社、中央电视台、人民日报、人民政协网、中国教育报、科学网等主流媒体的广泛报道，被确定为全国政协重点提案，由教育部牵头办理，国家发展和改革委员会、工业和信息化部会办。2021 年 11 月 12 日，项目组主要负责人参加了由全国政协邵鸿副主席带队的走访教育部活动，了解教育部提案办理工作情况，并协商督办这个重点提案，推动提案办理落实。怀进鹏部长亲率 2 位副部长和 20 余位司长与会。教育部孙尧副部长就这一提案办理情况进行了详细的回复，并给出了《教育部关于全国政协十三届四次会议在线教育相关提案办理情况的报告》。报告指出 2021 年 7 月，教育部联合中共中央网络安全和信息化委员会办公室、国家发展和改革委员会、工业和信息化部、财政部、中国人民银行等部门，共同印发《关于推进教育新型基础设施建设构建高质量教育支撑体系的指导意见》，明确提出要"建设教育专网和'互联网+教育'大平台，为教育高质量发展提供数字底座"。截至 2021 年 9 月底，国家体系已接入各级平台 228 个，可免费提供覆盖中小学阶段 85 个学科的 5000 余万条资源。2021 年 7 月，中共中央办公厅、国务院办公厅印发《关于进一步减轻义务教育阶段学生作业负担和校外培训负担的意见》，规定"对原备案的线上学科类培训机构，改为审批制"。2021 年，教育部、财政部印发《关于实施中小学幼儿园教师国家级培训计划（2021—2025 年）的通知》，提出"增强教师利用信息技术改进教育教学的意识，提升教师信息技术应用能力"。在宁夏设立"互联网+教育"示范区，在湖南设立教育信息化 2.0 试点省，在上海设立教育数字化转型试点区，评选了两批"智慧教育示范区"创建区域，通过试点先行、典型引路的方式，鼓励大数据、人工智能、5G 等新一代信息技术在教育领域的应用。

第5章 网络教育概述

本章先从国家政策、信息化发展、疫情影响、国际发展四个方面分析了我国网络教育发展的现状,然后通过对基础设施建设、网络教育的定位、师生的信息化素养等层面的分析指出了网络教育发展的问题,总结了网络教育的未来发展趋势。

5.1 网络教育发展的现状

在当今日益加剧的全球竞争背景下,我国的教育体制改革和教育发展面临着前所未有的机遇与挑战。借助网络教育解决制约我国教育发展的各项难题、促进教育发展的创新与变革是加快实现我国从教育大国向教育强国迈进的举措。

5.1.1 国家对网络教育的重视

人们普遍认为,网络教育是推动教育变革和创新发展的重要途径,在多方面被寄予时代的期望,包括创新教育形式、创建学习型社会、改革优质教育资源的供给方式、重塑教育组织形态、重构教学流程以及构建终身学习体系等。随着网络教育的蓬勃发展,近年来我国对网络教育的发展重视程度逐年增加,出台了一系列的政策支持网络教育高速度和高质量发展。教育部于 2018 年发布的《教育信息化 2.0 行动计划》明确指出,将教育信息化作为教育系统性变革的内生变量,支撑引领教育现代化发展。中共中央、国务院于 2019 年印发的《中国教育现代化 2035》进一步强调:

"加快推进教育现代化、建设教育强国、办好人民满意的教育。"《加快推进教育现代化实施方案（2018—2022 年）》提出："大力推进教育信息化。着力构建基于信息技术的新型教育教学模式、教育服务供给方式以及教育治理新模式。"教育部等 6 部门于 2019 年联合发布的《关于规范校外线上培训的实施意见》提出"2020 年 12 月底前基本建立全国统一、部门协同、上下联动的监管体系"。教育部等 11 个部门于 2019 年联合印发了《关于促进在线教育健康发展的指导意见》，明确了网络教育的健康发展需从扩大优质资源供给等方面推动。

在"停课不停教、停课不停学"政策的号召下，网络教育已成为中小学紧急教育的一种必然形式，新冠疫情背景下的网络教育研究成为热点。2021 年，习近平主持召开中央全面深化改革委员会第十九次会议，审议通过了《关于进一步减轻义务教育阶段学生作业负担和校外培训负担的意见》，简称"双减"。减轻学生作业负担和校外培训负担已成为贯彻新发展理念、构建新发展格局、推进高质量发展、促进学生健康成长的重大举措。

5.1.2　教育信息化对网络教育的影响

近年来，人工智能、大数据、虚拟现实和 5G 通信技术等信息技术的发展促进了我国网络教育质量的提升。信息化从影响教育发展的外部因素转变为内在动力，推动教育体制改革。教育信息化大幅提高了我国的国际竞争力，我国多次在国际舞台上共享中国网络教育经验。教育部在《国家中长期教育改革和发展规划纲要（2010—2020 年）》中指出，信息技术对教育发展具有革命性影响，必须予以高度重视。信息技术在教育领域的深度融合能够促进教育公平、实现资源共享、提高教育质量、推动教育变革、培养国际型人才，并最终建成学习型社会。教育部发布的《教育信息化十年发展规划（2011—2020 年）》一文提出了多项支持网络教育转型升级的举措，制定了网络教育发展的核心目标，完善了网络教育的政策体系，加快了我国教育信息化的发展。

我国各省区市从教育需求出发，在不同程度上优化了网络教育环境，尤其是强化了网络教育的硬件基础。截止到 2021 年 6 月，我国网民规模已达到 10.11 亿人，网络普及率达到 71.6%，高于全球平均水平 6 个百分点。我国网络教育用户规模达 3.25 亿人，占网民总数的 32.1%。另外，教师应用教育信息化的能力也在不断提升。截至 2021 年 6 月，我国累计有 1000 多万名中小学教师、10 万多名中小学校长、20 多万名职业院校教师接受了信息化专项培训。沿海发达省份的资源建设重点已开始从教师资源向学生资源转移，网络教育资源开始实现从不足到丰富的重大转变。信息化应用水平大幅提高，教学领域软硬件的升级不断加速，在师生间的普及程度显著提高。教育信息化的应用模式也取得了重大突破，形成一系列符合我国国情并获得社会高度认可的推广策略。

2021 年，《关于推进教育新型基础设施建设构建高质量教育支撑体系的指导意见》提出"建设教育专网和'互联网+教育'大平台，为教育高质量发展提供数字底座"，鼓励依托数字教育资源推动公共服务体系改革与创新。为推进优质教育资源普及共享，我国自 2010 年起开始建设网络教育资源公共服务平台，经过十余年的发展，已形成网络教育资源公共服务平台体系，拥有海量优质的数字教育资源，不但在常态教学中保障了教育资源均衡，还在疫情期间为支撑网络教育实践发挥了战略作用。

5.1.3　新冠疫情带给网络教育发展的挑战

2020 年初突如其来的新冠疫情带来了前所未有的大规模网络教育应用场景，教育部组织开通国家中小学网络云平台和中国教育网络电视台空中课堂，面向全国提供免费学习课程、电子教材等 10 个教学资源板块；在职业教育方面，为确保跨地区优质专业资源共享，开设了超过 200 个国家级职业教育教学资源库；在高等教育方面，为保障在线教学的顺利进行，遴选了 37 家网络资源平台和技术平台供高校选择使用。通过全面支持近 3 亿名教师和学生的在线教学，教育信息化交出了满意的答卷。同时社会对于教育信息化的认识产生了本质的提升，这对于在全国范围内采用数字化手段推进教育教学改革具有特殊的意义。在应对此次新冠疫情期间所开展的网络教育教学实践中，不仅各个课堂的障碍被移除，还在不同程度上化解了师生在心理上的不适应网络教育的思想，形成了一种随时、随地、终身学习的新型教育模式，网络教育也随着各项会议精神和政策规定的落实得到了长足发展。

2020 年，教育部下达指示，指导推进专递课堂、名师课堂和名校网络课堂三个教学应用，利用网络手段推动优质教学资源共享和促进教师技能提升。网络教育开始由一般质量向高质量发展，对促进教育公平、提升教育质量、推动教育现代化的作用越发显现。中国特色的教育信息化发展道路赢得各国的赞誉，为"十四五"规划的教育发展构筑了坚实基础，有望实现让所有学生共享优质教育资源的目标。网络教育不仅有助于优秀师资的资源共享，还从根本上推进了教育一体化。

5.1.4　网络教育国际发展情况

近年来国外网络教育发展脉络大致可以分三个阶段：第一阶段（2011～2014 年）为理论研究阶段，主要探寻网络教育的基础理论，如联通主义学习理论等。联通主义学习理论认为知识不一定要储存于学习者的头脑之中，也可通过技术手段储存于网络。联通主义学习理论的提出使得网络教育模式变得更加灵活和自由。第二阶段（2015～2016 年）是实践应用研究阶段，主要研究网络教育在不同平台中的应用情况。网络教学平台不同，教学方式也不同，常见的教学方式包括录播＋答疑、平台精品课程＋答疑、直播教学等。基于课程人数、性质和不同要求，教学方式也要视情况而定。第三阶段（2017 年至今）是反思完善阶段，主要是通过分析网络教育在教学中成功或失败的影响因素探讨网络教育存在的问题和风险。学习者和教育者是网络教育的基本主体，他们面临的挑战也不尽相同。学习者对缺乏互动性、带来疏离感的低质量在线课程心存疑虑，而教育者面临着技术能力不足、缺乏在线教学经验等问题。

目前国外网络教育发展方向主要表现在以下方面：一是在线教学设计专业化。需要教育者协调好教学情境中多个组成部分之间的关系，优化教学内容，改进教学方式，增加学习者的课堂参与，激发其学习兴趣和提高其学习动机，从而转变对网络教育的认知偏差，提高在线教学效果。二是深入技术培训。需要鼓励教育者参加相关的在线教学技术培训，学会如何使用各种在线教学工具，理解各种技术工具与教学内容的适配性，筛选可靠的网络教学资源满足不同学生的需求，从而弥补网络教育者技术能力不足。随着网络教育研究的不断深入，未来的网络教育会变得更系统和更专业。

5.2　网络教育发展的问题

在当前我国"双减"政策背景下，面向网络教育高质量发展的需要，需要明确网络教育在我国教育改革中的定位，通过建设新型信息网络、平台体系、数字资源、智慧校园、创新应用等方面的新型教育服务体系全面提升我国师生网络教育的素养，构建具有差异化和多样性的网络教育学习空间，从而实现我国教育现代化的发展目标。

5.2.1　新型教育基础设施覆盖不全面

教育部等六部门联合印发《关于推进教育新型基础设施建设构建高质量教育支撑体系的指导意见》明确提出，要聚焦信息网络、平台体系、数字资源、智慧校园、创新应用、可信安全等方面的新型基础设施体系，建设教育专网和"互联网+教育"大平台，为教育高质量发展提供数字底座。同时还提出要"完善经费保障"，"通过相关经费渠道大力支持教育新基建"，"通过现有资金渠道加强对薄弱环节和贫困地区的倾斜支持，缩小区域、城乡、校际差距"。建设教育新型基础设施需要以新发展理念为引领，以信息化为主导，面向教育高质量发展需要，充分利用国家公共通信资源建设连接全国各级各类学校和教育机构间的教育专网，提升学校网络质量，提供高速、便捷、绿色、安全的网络服务；需要推进各层次教育平台的融合发展，建立互联性、应用性、协同性的网络教育平台；需要依托国家数字教育资源公共服务体系，推动数字资源的供给侧结构性改革，创新供给模式，提高供给质量；需要支持有条件的学校利用信息技术升级教学设施、科研设施和公共设施，促进学校物理空间与网络空间一体化建设；需要依托网络教育平台，创新教学、评价、研训和管理等应用，促进信息技术与教育教学深度融合；需要有效感知网络安全威胁，过滤网络不良信息，提升信息化供应链水平，强化网络教育监管，保障广大师生的切身利益。

5.2.2　网络教育促进教育公平的定位有待加强

为充分发挥网络教育在我国教育发展中的作用，必须认清网络教育的定位与需求，明确网络教育在教育信息化建设和发展中发挥的重要作用，从而建成公平且优质的国民教育体系。2020 年网络学习发展指数相关研究表明，教育的发展状态已经形成了差异化。当前，网络教育的核心功能应面向国民教育现代化发展的需要，肩负促进教育公平的重要任务，通过融合新型信息技术打造高质量的课堂。在课堂教学中，需要在深入研究运用先进教育理论设计网络教育的应用场景、模式、学生参与、过程管理和教学评价的基础上，进一步明确网络教育的内涵、需求和定位。在当前的教育实践中网络教育仍然处于辅助作用，是对课堂面对面学习的必要补充，是寻求优质资源、获取教学数据的重要手段。需要进一步加强针对网络教育的顶层设计，在排除市场和技术层面干扰的前提下纠正盲目建平台、建资源、录视频的倾向，加强信息技术与不发达地区课堂教学的深度融合，依据教育公平的实际需求对网络教育的应用进行精准定位。

5.2.3　师生的教育信息化素养有待提高

面对未来教育的不确定性，教师如何应对智能时代教育的发展是当今教育领域的现实性难题。然而，当前技术与网络教育仍然是割裂的，并没有充分发挥在线技术和在线教学设计的优势。网络教育面临着在线教学质量、在线课程设计、教师培训未能匹配网络教学特点及教学方法、在线学习生态系统失衡等问题。教师的能力和人格魅力对营造合适的在线学习氛围具有重要的作用，对促进构建适应线上线下融合教学、全社会共同学习的后疫情时期网络教育发展新生态具有重要的意义。需要重视培养学生运用网络开展学习的思维方式、技巧、工具和评估，进一步提升师生的信息素养。为提升网络学习者的成熟度，需要将与学生信息素养相关的各个要素整合到教育教学过程中，包括学生学习动机、专注力、信息技术能力、自我导向能力和合作学习能力等方面。需要建立学生信息素养培育档案，通过将其纳入学生综合素质测评以评促教，从而全面提升学生的信息素养。真正落实提升教师信息能力和教学融合能力所需要的政策、制度与办法，同步核心素养、创新思维发展，采用先进的教育教学理念和教学方法，通过组织开展多样化、多层次的活动与比赛加大交流与学习力度，为教师信息技术与教学的深度融合奠定良好的基础，引导教师和学生围绕优质网络教育资源开展更加有效的学习。

5.2.4　网络教育信息安全面临挑战

在推进教育信息化的过程中必然面临着网络教育数据安全与隐私风险。早期的教育数据类型多为静态数据，形式和内容较为单一，一般仅为学习者的个人学籍和成绩等教学管理及教育活动产生的数据信息，信息化程度低，加之人们对个人信息安全可能会造成的不良影响没有充分的认识，因此，对于网络教育数据的安全与隐私问题关注度低。进入互联网时代尤其是移动互联网时代以来，随着移动通信、物联网、Web2.0 技术等快速发展，越来越多的学习资源被投放到网络平台上，学习者在使用平台学习时会留下大量的个人和学习记录信息。网络教育数据隐含着学习者的行为、方式、成果、动机等海量信息，通过采用合适的数据分析与挖掘技术可以将这些零碎信息组合成新的更有价值的数据链，从而会产生学习者本身意识不到的隐私问题。随着网络教育平台由用户主导生成内容的Web2.0 模式向基于人工智能属性、移动应用与消息流型社交网络并存的

Web3.0 模式迈进，网络教育平台进入了以个人化为核心、以移动互联网为主、依赖于新媒体技术的新模式。与传统互联网相比，移动互联网真正具备了 3A（anytime、anywhere、anyone）属性，即任何人在任何时间和任何地点都能与互联网相连。移动应用和智能终端的多样性使用户数量和用户在网时间呈井喷式增长，同时使得移动用户的使用习惯和网络访问模式与传统网络之间存在较大差别，网络信息环境更加多元化和复杂化。移动互联网所面临的安全问题不是传统互联网和移动通信网安全问题的简单叠加，其安全形势更为严峻，网络安全风险不断累积与升级形成了隐蔽关联性、跨域渗透性、集群风险性、交叉复杂性的新特点，这些新特点的出现使建立网络安全防线变得愈加紧迫。

5.3　网络教育发展的趋势

随着人工智能、虚拟现实、大数据、5G 通信等新型技术被应用到教育教学中，新型技术与教育的融合明显加速。伴随着新兴技术的进一步发展，教育模式和教育资源也随之产生转变，这些因素势必左右未来网络教育的发展，并且产生重要且深远的影响。

5.3.1　智能互联学习环境发挥重要作用

近年来网络教育整体发展水平得到了飞速的提升，网络教育环境在网络接入性、学习服务支持等方面表现优异。这得益于网络教育整体环境的发展，包括软硬件环境的提升，这种发展和提升可以带来良好的线上学习体验，丰富网络教育资源环境，创建优质的学习环境以及产学研协同的良好生态环境，同时国家治理为网络教育带来包容性监管政策环境，网络教育接受度不断提升，在线支付习惯逐渐养成。经过多年的技术迭代，我国网络发展已经迈入以人工智能、物联网等新兴技术为主导的智能互联阶段，为网络教育注入全新的潜能。未来的网络教育发展需要整合人工智能、虚拟现实、5G 通信、大数据等新兴技术，协同企业、政府、科研院所、学校等各方力量创新举措，合力优化网络教育环境，在丰富网络教育资源、个性化学习与服务等方面持续发力。

5.3.2　高沉浸感学习环境改善学习体验

网络教育是一种新型的高浸入式学习环境，可以通过虚拟现实、物联网和 5G 通信技术等新型信息技术进行构建，融合了人机接口、人工智能、计算机图形学、高速传输网络以及传感器等多领域的研究成果，提高了教与学体验，增强了人机交互的可用性，使学习者能够在学习过程中体验真实的视觉、触觉、听觉和嗅觉。高沉浸感学习环境的核心技术是虚拟现实和可视化技术。通过对数据的可视化表达和新型人机交互方式的运用，高沉浸感学习环境能够增强用户在虚拟场景或虚实融合场景中的临场感和互动性。

2020 年由美国高等教育信息化协会发布的《2020 年地平线报告：教与学版》重点介绍了增强现实、混合现实、虚拟现实等新兴技术的教育实践发展，并预测未来发展的趋势是将其应用于远程学习者。虚拟现实具备构想性、智能性、交互性和沉浸感四大特征，在应用于网络教育系统时有助于缩小师生间的交互影响距离，使人的认知世界与感知世界深度融合，从而实现在线信息技术与教学内容无缝衔接。虚拟现实与网络教育相融合是现代远程教育发展的再次飞跃，能够实现多终端三维沉浸感知环境的多通道体验式交互，从根本上变革了远程教育的学习体验。理性地挖掘高沉浸学习环境在网络教育领域的应用潜力，深入分析高沉浸学习环境改善网络教育学习体验的原理，从教育的视角反思如何构建网络教育中的高沉浸感学习环境已成为网络教育需要解决的重要问题。

5.3.3　高速网络助力网络直播教育发展

随着 5G 时代的来临，无线网络通信技术飞速发展，从根本上解决了直播教育发展的关键问题。5G 网络具备超强连接、超快速度、低延迟、广连接等一系列技术优势。目前正在研发的 6G（6th generation mobile networks，第六代移动通信）网络将在更多方面取得更大的突破，网络延迟速率将降到微秒级，实现地面无线通信与卫星通信的无缝高速连接。智能全光网可以缩短能源消耗、节省空间、提高配置效率、最大限度降低延迟速率。通过融合发展 5G 网络、6G 网络、WiFi 6 与智能全光网能够快速、高效传播教育信息，创造直播教育发展的价值，激发直播教育的创新发展，重构直播教育的全新体验，促使直播教育进行深刻变革。直播融合教育已成为变革传统网络教育、创新教育教学形态的重要力量，教育直播影响力激活了直播教育产业发展，开辟了一种新型在线教学模式。直播教育在临场感、个性化学习体验、情感交流、教学资源时效性、交互性等方面相比于传统网络教育来说具有极大的优势。特别是超高清视频以及全方位实时直播可以延伸和扩展人眼功能，让用户获得甚至超越现场观看的真实体验。新冠疫情的影响、网络教学实时情感互动的需求等都是推动直播教育发展的因素，但更为重要的因素是直播技术门槛的降低。

5.3.4　新技术促进教育形态持续创新

随着教育信息化引领教育现代化政策的不断深化以及新型技术与网络教育加速融合，当前应当顺应时代发展的潮流，培养学习者的高素质及创新能力，发展个性化教育，促进学习者的个性和多元的全方位发展，提升学习品质，使学习者能够在深度学习体验中经历更多的问题发现、问题解决、创新创造和分享交流等过程。新时代特征的思维品质离不开计算思维、设计思维、人工智能思维等的发展，这将不断催生以学习流程再造为特性的多元学习形态。在线学习、混合学习、个性化学习、沉浸式学习等新型学习形态将在教育教学中得到越来越广泛的应用，真正实现以学习者为中心。随着 5G 技术的飞速发展，基于社交媒体的社群学习借助社交网络逐渐推倒了学校的围墙，创造了复杂交互在线学习的应用条件。

基于网络的专递课堂、名师课堂等在促进优质教育均衡发展中将发挥更加重要的作用。与此同时，智能机器人逐渐出现在学生与老师的视野里，已成功应用于学校课堂教学中，而虚拟现实技术解锁了新的课堂学习形态，改变了人们的传统学习方式观念。网络教育逐渐呈现出多样化趋势，为此需要延续创新协同机制，加速推进网络教育形态的创新、发展、补充和完善。

5.3.5　网络教育个性化服务日益凸显

如今数据驱动下的个性化服务得到了更多的关注,网络教育越发重视数据。究其原因，一方面，市场上各类学习产品越来越看重真实数据的价值，市场通过搜集、存储、分析学习数据，以用户画像的独特方式展示学习者的情况，从而可为用户提供定制化的服务。另一方面，培育示范区、示范校、共同体等形式被教育行政部门广泛选用，引导网络教育朝着数据驱动的大规模因材施教方向前进。大数据与人工智能的相互融合发展形成数智融合趋势，表现为人工智能应用需要高质量、标准化、精确化的数据，而大数据恰好能满足这一需求。人工智能在数据治理方面具有高效、高质的优点。教育信息化 2.0 建设正在汇聚越来越多的有效基础数据，促进网络教育实现个性化服务的最强驱动力是数据。

5.4　本　章　小　结

本章分析了我国网络教育发展的现状，包括国家政策、信息化发展状况、新冠疫情对网络教育的影响和国际网络教育发展状况，梳理了网络教育发展过程中存在的基础设施建设、网络教育的技术创新、网络教育促进教育公平、师生信息素养提升、网络安全等问题，从智能互联学习环境、高沉浸感学习环境、直播教育发展、教育形态创新和个性化服务等方面总结了网络教育的未来发展趋势。

第 6 章　网络教育发展综合环境

本章从我国目前的网络教育发展综合环境出发，调研了我国经济结构转变以及教育投入增长的现状，分析了我国人口结构、发展需求和教育理念等社会环境的变化，揭示了人工智能、5G 以及虚拟现实等新兴技术所带来的机遇，阐明了新冠疫情的封闭性、持续性和突发性对网络教育发展产生的影响。

6.1　经　济　环　境

我国经济环境总体结构的调整、教育经费的投入以及教育信息化政策的推出为网络教育的发展铺平了道路，带来了巨大的发展机遇，使其能够持续保持快速的发展势头。

经济结构的调整为网络教育带来了大量需求和发展机遇，经济结构的转变离不开人力资源尤其是人才资源的支撑，我国是世界人口大国和人力资源大国，但不是人力资源强国，更不是人才资源强国，需要强化人才资源的培养。《国家中长期教育改革和发展规划纲要（2010—2020 年）》中明确了人力资源开发的重要导向，即从 2015 年到 2020 年我国具有高等教育文化程度的人数要从 14 500 万提升到 19 500 万，受过高等教育的比例要从 15%提升至 20%。同时人才链的需求也会因经济结构的调整受到影响，促进教育链同步发生改变。我国人力资本基础比较薄弱，传统教育模式受到的压力逐渐增加，难以继续提供更加完善的培训和教育。提供了数字化学习资源的网络教育可以覆盖更广的范围，服务更多的学生，这一特点符合当前我国经济和社会发展对教育发展规模与质量的需求，对提升我国教育生态系统的承载力具有重要意义。

6.2 社 会 环 境

城镇化发展带来人口结构的转变,同时国家对绿色发展的需求和社会终身教育理念的形成进一步推动了网络教育的发展,赋予其更深远的意义,指明了长远的发展方向。

我国各城市人口结构的变化刺激了网络教育的发展。不同城市之间由于其聚集人群的差别,教育资源分化,这种分化不仅表现在校舍等硬件条件方面,更多的是生源、师资和文化的差别与隔阂。教育资源分化在城乡之间体现得更为明显,城乡学生所享受的优质教育资源的数量和质量之间存在着差距。由城市人口结构产生的教育内卷问题日益严重,但这同时成为网络教育发展的助燃剂。提供网络教育可以将优秀教育资源最大化,可以促进教育均衡发展,是缓解人口结构带来的教育资源不均问题的有力工具。构建健康有序的网络教育市场体系,带动校内校外、线上线下教育深度融合发展必将成为未来网络教育的发展趋势。

近年来我国十分重视经济社会的绿色发展,而网络教育的形式十分契合这一发展理念。习近平在 2021 年 4 月 22 日发表的《共同构建人与自然生命共同体》的讲话中提到,中国以生态文明思想为指导,贯彻新发展理念,以经济社会发展全面绿色转型为引领,以能源绿色低碳发展为关键,坚持走生态优先、绿色低碳的发展道路。网络教育模式符合我国经济和社会绿色环保的发展理念。传统课程的能源消耗包括旅行、购买和使用信息通信技术、纸张和印刷材料的消耗、住宿以及校园运转等,网络教育由于使用较少的实物设施,减少了碳排放量。同时网络课程实现了一定程度的无纸化,减少了课程材料的印刷,充分体现了可持续教育的理念。网络教育可以服务众多的学生群体,实现规模效益。综合来说,绿色发展的需求赋予了网络教育更深远的意义。

在创建学习型社会的进程中终身教育理念逐渐形成,这种趋势推动着网络教育的建设。习近平在国际教育信息化大会开幕致辞中指出："因应信息技术的发展，推动教育变革和创新，构建网络化、数字化、个性化、终身化的教育体系，建设'人人皆学、处处能学、时时可学'的学习型社会，培养大批创新人才，是人类共同面临的重大课题。"[①]终生教育的价值取向是在致力于为所有人提供教育机会保障的同时，注重面向全人类的个性化学习服务。

在终身教育理念的引领下，网络教育的快速发展正是积极响应全民学习和终身学习的重要体现，已经成为构建学习型社会的重要途径。当前，网络教育发挥着其独特的空间和时间跨度优势，在支持个体学习知识、获得技术、实现教育目标、促进教育发展等方面发挥着重要作用，能为学生提供更加优质的教育服务，确保在教育新常态下终身教育理念和目标的落实，而这正是网络教育自身的价值追求。

6.3 科 技 环 境

我国 5G 技术的部署、大数据技术的进步、人工智能技术的兴起以及虚拟现实、增强现实技术的发展都在为网络教育提供更多元、更丰富、更高效的手段和技术支撑，提高了其个性化服务的能力，同时带来了教学方式的变革。

5G 技术的发展和部署将带来许多全新的教学模式，通过网络教育领域的赋能带来前所未有的创新变革与机遇。截至 2021 年 6 月，我国已累计开通 5G 基站 96.1 万个，5G 网络已覆盖全国所有地级城市、95%以上的县域地区以及 35%的乡镇地区。今后将按照适当超前的原则继续加强建设的部署，同时加快向有条件的县镇扩大，促进 5G 网络覆盖的范围更广、层次更多。

---

① 《习近平致国际教育信息化大会的贺信》，https://www.gov.cn/xinwen/2015-05/23/content_2867645.htm[2023-07-09]。

5G 技术具有高速、泛化、低时延等特征，5G 通信的全面覆盖给教育行业带来的改变是革命性的。伴随着 5G 网络的大规模部署与应用，基于 5G 技术的网络教学平台将通过学生画像、计算机视觉、智能语音和自然语言处理技术对不同学习群体的学习行为进行更加全面的分析，从而大幅提升各环节效率，真正满足学生多元化、因材施教的学习需求。

大数据技术的进步提升了网络教育的个性化服务能力。我国十分重视大数据技术的发展，党的十八届五中全会将大数据技术上升为国家战略，经过长期的部署和投入，我国大数据领域发展态势良好，取得了突出的进展。大数据存储器、协处理芯片、分析方法、数据互操作技术和因特网大数据应用技术等已处在全球领先地位；在大数据存储、处理等方面研发了许多重要产品，为大数据在网络教育领域应用提供了强有力的支撑。

长期以来，由于缺少一种能够让教育平台及时地了解学生的个体差异并给出对应的施教方案的便捷、有效的工具，网络教育平台难以针对每个学生的需求和特点提供个性化的服务。大数据技术的迅速发展为达到总体掌控、科学决策和精确管理网络教育的目的以及创建基于大数据的综合评价体系奠定了基础。网络教育平台上记录及存储了学生的学习行为数据，通过大数据技术分析上述信息可以得到学生的学习偏好与需求，从而能够有针对性地进行资源推送以及支持服务。

我国近年来逐渐加大了对人工智能技术的投入。在人工智能技术市场方面，我国在 2017 年具有 708.5 亿元的规模，2020 年增至 1606.9 亿元，到 2025 年预计将超过 4000 亿元。我国在人工智能领域专利申请数量上呈现逐年增加的态势，截至 2020 年底，国际人工智能专利申请主要集中于中、美等少数国家，我国专利申请量为 389 571 件，位居世界第一，占全球总量的 74.7%，是排名第二的美国的 8.2 倍。

我国人工智能技术的飞速发展促进了网络教育变革。人工智能技术支持网络教育的精准化、智能化和协同化，为教师的教和学生的学提供更加精准的评价和深度干预，有助于解决网络教育发展中遇到的各类问题，推动网络教育更高质量地发展，实现从网络教育大国向网络教育强国的转变。

虚拟现实和增强现实技术的进步为网络教育带来了创新性的教学方

式。我国对虚拟现实技术和增强现实技术的发展极度重视，《国家创新驱动发展战略纲要》《新一代人工智能发展规划》等战略性文件均侧重于对虚拟现实和增强现实等新技术的基础研发、前沿布局和产业发展的支持，以达到虚拟现实、增强现实技术与人工智能的高度融合和完美互动。

虚拟现实技术具备沉浸感、交互性、构想性和智能化等特性，有利于在网络教育中缩小师生间的交互影响距离，有助于实现网络信息技术与教学内容的完美融合。虚拟现实与增强现实技术融合网络教育是现代网络教育发展的又一次飞跃，能够实现多个终端三维沉浸感知环境的多通道体验交互，从根本上改变教育方式，带来新型教学模式。

6.4　疫　情　环　境

新冠疫情环境的封闭性、持续性和突发性改变了传统的教育模式，推动了网络教育大众化的蓬勃发展，带来了网络教育产品的多样化，提高了网络教育产品的竞争力。

2020 年新冠疫情扩散导致国内大部分城市采取封闭式管理。为了打赢这场疫情攻坚战，人们积极响应国家号召足不出户，这使得传统的线下教育难以继续开展，在国内"停课不停教、停课不停学"的号召下，大中小学生在家上课达数月之久。

受新冠疫情影响的不仅是学生，还包括整个教育行业的生态系统，而网络教育成为解决这一问题的最佳选择。根据教育部的数据，截至 2020 年 5 月，全国 1454 所高校开展在线教学，在线学习的大学生共计 1775 万人，103 万名教师在线开设课程 107 万门，合计 1226 万门次。选课人数、选课高校和学习数据都呈现指数型增长。虽然新冠疫情给人们的生活、学习和工作带来了影响，但网络教育却得到了迅速的推广。

在整体用户规模上，2020 年网络教育用户数较上一年增长了近一倍。中国互联网络信息中心发布的《第 45 次中国互联网络发展状况统计报告》显示，截至 2020 年 3 月，国内网络教育用户规模达到 4.23 亿人，较 2018

年底增长 2.22 亿人，占网民总体数量的 46.8%，即近半数网民接触了网络教育。新冠疫情的封闭环境为"互联网＋教育"的发展创造了良好的条件，网络教育以肉眼可见的发展速度崛起，使网络教育得到了广泛的传播，网络教育大众化趋势越来越明显。

新冠疫情的暴发为线下教育的场地和人力成本带来了额外的负担。随着新冠疫情持续时间不断增长，相关成本增加的速度越来越快。新冠疫情的持续迫使更多的教育机构将优质线下教育资源转至线上，客观上带来了网络教育的多样化。一方面，网络教育以直播教学、录播教学和网课+答疑教学等多样化形式开展，由于不同的教学模式各具特色，因此教学侧重点也有所区别。另一方面，网络教育以搭载多样化平台的方式呈现给师生，众多学校在新冠疫情期间纷纷开展网络实验教学，利用腾讯课堂、钉钉或学习通等平台开展线上直播或录播授课，通过视频讲解和演示指导学生掌握理论知识和实验操作要领。此外，利用社交软件共享学习资源以及解决学生的问题同样提高了网络教育的学习效率和教学质量。

一些有条件的高校还积极开发或引进虚拟仿真实验，突破了实验的时间与空间的限制，通过网络教学指导学生完成虚拟实验，这不仅提高了学生的自学能力，而且提高了网上实验教学的效果。总之，网络教育不会停滞不前，只会不断更新迭代，新冠疫情的持续带来的网络教育多样化是必然的，为丰富网络教育的实现形式拓宽了通道。

我国的慕课建设得到众多学校的支持，拥有优质的线上教育资源，课程难度和深度适合不同层次的学生，作为课外自学和知识拓展的补充方式满足了学生的不同需求。针对突发的新冠疫情，教育部应对新型冠状病毒感染肺炎疫情工作领导小组办公室印发了《关于在疫情防控期间做好普通高等学校在线教学组织与管理工作的指导意见》，要求"各高校应充分利用上线的慕课和省、校两级优质在线课程教学资源"。慕课建设作为网络教育的产物，只有持续提升线上教育资源的品质才能更好地帮助学生收获知识，协助教师完成教学任务。

相较于传统教育，网络教育打破了地域与时间的限制，使得教师即便面对突发的新冠疫情仍然可以通过优质的网络教育平台从容地授课，实现无障碍交流；学生不仅可以通过教学平台与老师沟通，还能够通过网络视频资源有针对性地巩固补缺。由此可见，网络教育极大地便利了教师的远程授课，提高了学生的学习兴趣，培养了自主探索的能力。

各个网络教育平台通过此次突发的新冠疫情打造了属于自己的优势和特色，如腾讯课堂使用流畅和交互效果好的直播平台，其画中画功能不仅能增强学生的既视感，而且可以通过举手、提问、讨论、投票等模拟面授的方式使学生在任何时候都能流畅地进行互动。腾讯课堂实现了课件推送、微课推送、在线测试、直播等功能，利用学堂在线优秀的教学资源深度拓展教学空间。蓝墨云班课可以开展线上班级管理或小组活动，并提供了多种可选的评价方式，在学生作业和小组活动上优势明显。由此可见，网络教育平台的特色化建设促进了网络教育品质的提升。

6.5　本章小结

本章重点分析了我国的网络教育发展综合环境。首先，从经济环境出发，分析了经济结构调整、财政性教育经费支出和教育经费结构等宏观经济为网络教育发展带来的变革。其次，从社会环境出发，探讨了人口结构、国际环境和社会环境等变化给网络教育发展带来的影响。再次，从科技环境出发，论述了5G、大数据、人工智能和增强现实/虚拟现实等新兴技术的高速发展和普及给网络教育发展带来的机遇。最后，从新冠疫情环境出发，分析了疫情的封闭性、持续性和突发性给网络教育发展带来的影响。

第 7 章　网络教育对我国教育发展的作用

本章从网络教育发展国家政策出发,分析了网络教育对教学方式、学习行为以及教师能力提升的影响,探讨了通过均享教育资源、降低教育成本以及推动均衡发展实现教育公平的方法,总结了网络教育对学前教育、初等教育、高等教育、继续教育和职业教育五个不同阶段的积极作用。

7.1　网络教育促进教育现代化

教育现代化背景下,通过融合虚拟现实、大数据和人工智能等高新技术推动网络教育的智能化发展从根本上变革了教学方式和学习行为的分析方法。同时,教育现代化进程对教师信息素养提出了更高的要求,网络教育引导和促进了教师专业能力的发展。

7.1.1　网络教育促进教学方式的变革

教育变革的重点在于教学方式的变革。目前课堂教学行为的基本表现是以传统的课堂讲授为主,这种教学形式的特点是教师单方面向学生传递信息,学生只能被动接收信息,缺乏高沉浸、强交互和智能化的个性化培养方式。《中国教育现代化 2035》提出:加快信息化时代教育变革。建设智能化校园,统筹建设一体化智能化教学、管理与服务平台。利用现代技术加快推动人才培养模式改革,实现规模化教育与个性化培养有机结合。创新教育服务业态。建立数字教育资源共建共享机制,完善利益分配机制、知识产权保护制度和新型教育服务监管制度。推进教育治理方式变革。加快形成现代化的教育管理与监测体系，推进管理精准化和决策科学化。

为了推动网络教育、人工智能和虚拟现实等新一代信息技术服务于教学活动，构建智能化网络教育时代，需要以智能学习空间和智能教育助理为核心，对教育资源供给模式、教学组织形态和现代学习方式进行丰富与创新。为了推进在线学习空间成为广大师生利用信息技术开展教学活动的新平台，需要在分析学生在线学习数据的基础上实行智能化交互，为师生个性化教学提供数据分析结果和优化策略，以提升网络学习空间的智能化水平。为了构建虚实融合和优势互补的混合教育生态，形成线上线下一体化的综合教学场地，需要建立物理与虚拟双空间一体化的教学环境、虚拟学习体验中心和虚拟仿真实验室等，促进课程教学方式多样化、资源整合多元化、学习支持立体化。为了加快基于人机交互、机器视觉和情境感知等技术的智能教育助理的研发，需要通过对话式的操作界面延伸师生的表达能力、知识加工能力和沟通能力，进而促进人工智能与个人设备的深度无缝衔接，实现人机共教和人机共育，实现个性化学习、自主学习和教学效果优化。

7.1.2　网络教育促进学习行为的改变

在传统的教学环境中，通过个体提问和群体询问方式掌握学生的学习状态是教师较为常用的教学手段。然而，这个方法依赖于教师的主观判断，不可避免地存在偏差，使教师出现难以掌握学生的实时学习表现和学习行为数据，无法全面评估学生的实际学习效果，难以有效组织交互式教学活动等问题。

《中国教育现代化 2035》指出："综合运用互联网、物联网、大数据和人工智能等技术，统筹建设一体化智能化教学、管理与服务平台，实现数据伴随式收集、信息自动化分析、资源最优化配置。"通过大样本和复杂结构的数据分析可以量化学习过程、表征学习状态、发现影响学习效果的因素并生成有效的指导策略，有助于在更深层次上揭示学习规律。

利用大数据分析技术优化教学内容，集成二维可视化信息和三维可视化信息等多模态教学内容，构建知识点之间的多重关联，有助于形成教学媒介背后的体系化、结构化知识库和知识图谱，可以支持学生多路径学习。利用脑科学技术对大数据样本特征进行认知神经科学层面的解释可以挖掘深层次学习行为规律，推动脑科学研究者与教育教学实践者之间的对话和沟通，共同制订适应学生行为及认知规律的教学方案。利用人工智能技术跟踪和监测教与学的全过程可以形成以数据为核心的感知、采集、监测和分析体系，改变以分数为主的传统单一维度评价方式，促进多维度数据评价体系的构建，从而有效地提高教育评价的精细度、全面性和准确性。通过建立和普及教育质量评估和监测系统，开发智能化评价工具可以使家长、学生和团体等更多主体介入教育评价体系，保障评价结果的科学性和有效性。

7.1.3　网络教育促进信息素养的提升

教师在正式入职前所接受的教学形式有限，其会形成和固化教学行为惯性。对于教师来说，教育现代化的发展对他们的职业提出了挑战，从而出现了教师被替代的可能性。首先，随着网络教育的快速发展，某些线下教学活动将被线上教学所取代。其次，随着各领域的专家将其所研究和创新的教学内容转化为信息化的教学资源并将其共享于网络，学生拥有更多的可选课程。这既可与传统的教师授课形式互补，又能在某些层面上替代课堂讲授。

《2018 年教育信息化和网络安全工作要点》提出："启动人工智能+教师队伍建设行动，探索信息技术、人工智能支持教师决策、教师教育、教育教学、精准扶贫的新路径。实施新周期中小学教师信息技术应用能力提升工程，建设 7 个创新培训平台。"需要集中面向中西部落后地区，采用对口帮扶形式推动培训平台与中小学校的密切合作，探索基于学校发展需求的教师信息技术应用能力提升发展模式与创新路径，创建一批中小学教师信息技术应用能力培养示范学校。需要开展面向中小学教师的信息技术应用能力发展测度指标研究，研究面向师范生的信息技术应用能力标准与培养模式。根据各地的实际需求积极推进教师信息技术应用培训。需要继续扩大教育大数据和教师管理信息化专题研修班的规模，以提高教师信息化教学能力。这表明在《教育信息化 2.0 行动计划》实施的推动下，网络学习在教师群体中向着更加丰富、多元、开放、共享的方向迈进。

基于网络教育的发展趋势与教师自身的职业需求，引领教师提升信息素养主要有以下两个方向。一是大力开展大规模网络教育，让单个教师由小规模的传统班级制教学向面向大规模学生群体的网络教育转变，从而发挥网络教育的技术优势，释放并拓展教师的影响。二是通过网络教学技术把教师从日常事务中大量重复的事情中解放出来，对教师进行再培训和分工，使其工作更加精细，将其主要功能转移到教学内容/教学设计、资源开发、心理训练、学生成长分析、平台管理、答疑辅导等方面，从而可使缺乏信息化教育技能的教师拥有更多的时间专注于学习、研究、设计和创新教学课件，提升其素养、内涵与专业技能。

7.2　网络教育实现教育公平化

随着我国综合国力的提升，教育事业的发展开始从量的公平转入质的公平。网络教育不仅带来了教育资源的均享，降低了在教育上耗费的时间成本和空间成本，还造就了学习者各方面的均衡发展。因此，大力发展网络教育是保证教育公平的有效对策之一。

7.2.1　网络教育带来教育资源均享

传统课堂教学中教师和学生局限在特定的时间和地点进行教学活动，占有优质资源的教育机构的入学门槛限制了大多数的学习者，而网络教育为解决这些棘手问题提供了可行的解决方案，通过大力发展网络教育带来的教育资源均享能够真正地实现教育公平。

网络教育打破了时空局限，扩大了学习者群体，有机会接触网络且具有学习动机的人，均可在"任何时间""任何地点"选择合适的学习内容、学习方法与学习进度，不同年龄、性别、学识水平、家庭背景的学习者可以得到同样优质的教育资源。网络教育对时间与地点的限制条件低，对学历和背景无区别对待，能够满足绝大部分有学习需求的人群，这不仅更加有利于构建网络化、数字化、个性化、终身化的教育体系，而且有利于构建"人人可学、时时可学以及处处可学"的学习型社会，当教育机会均享得到充分的体现时，教育公平真正成为人类的基本福利。

7.2.2　网络教育显著降低教育成本

教育资源相对薄弱的学校借助网络教育的资源可以解决缺乏优质师资的难题，缓解教育资源不足所带来的困扰，让优质的网络教育资源更好地为教师和学生提供服务，更好地实现教育公平化。

对于学习者而言，网络教育可以有效降低学习的时间和经济成本，让具备学习动机的学生能够接受优质教育，在学业学习和终身教育的道路上迈出关键一步。网络教育平台可以充分满足特殊人群和特殊时段的学习需求，可以让学生有效获得优质教育资源覆盖，可以高效地拓展学习者自主学习的时间和空间，做到"人人可学、时时可学以及处处可学"，可以逐步缩小地区、城乡、校际差距，有效提高教育质量。这不仅对全社会的学习与进步具有重要意义，而且对于打破社会阶层固化、帮助弱势群体改变自身命运具有重大且深远的意义。

尤其重要的是，网络教育通过免除学习者的部分费用进一步降低了网络教育的使用门槛，极大地扩充了受众的范围，真正做到了"有教无类"。教育机会均等得到充分体现，对于促进教育公平具有积极的作用和深远的意义。

7.2.3　网络教育造就学生均衡发展

传统教育为了迎合大众的求知需要，降低了知识在深度和广度上的覆盖，难以满足学习者对深入探究知识的渴求。网络教育优化了教学资源的分配，使得课程内容切入口小、针对性强、涵盖广泛、选择灵活，极大地方便了学习者的学习，有助于学习者提高学习质量并推动全方位的均衡发展。

网络教育学习内容种类繁多，教学资源涵盖各个学段与学科，同样的课程内容可以有不同的选择。传统教育中的学习者几乎没有机会接触其他学校或专业的教师与教育资源，而网络教育整合了优秀的师资力量与丰富的教学资源，为学习者提供了更多的选择。学习者无论收入水平与地理位置如何，都可以得到最优质的教学和指导。这同时也是国家在《教育部等十一部门关于促进在线教育健康发展的指导意见》中强调"支持面向深度贫困地区开发英语、数学及音、体、美等在线教育资源，补齐教育基本公共服务短板"的深刻含义。

网络教育课程的学习不受时间和空间限制，学习灵活度更高。传统教育体系中由于教育资源数量上的限制，对学习能力不足、需要重复学习过程（如留级、重读）的学习者难以提供有力的支持，这在义务教育阶段最为显著。这个问题可以通过网络教育得到很好的解决，网络教育课程可以反复学习，学习者能够通过反复思考与练习来理解和掌握感到困难的内容。

众多优秀的网络教育平台注重满足学习者个性化的需求，强调平台服务功能的科学性和智能化，可以帮助学习者提高学习效率。在制作课程资源时注重对课程时间的控制和对知识内容的拆分与细化；在学习过程中提供及时的学习检测和反馈，使之更加符合人类认知规律，更方便学习者根据自身的真实需求、知识背景、个人喜好和学习风格来选择学习内容、安排学习进度，增强学习的针对性和有效性，通过个性化学习实现均衡发展。

7.3 网络教育达成教育终身化

随着文化强国战略的实施与城镇化进程的不断加快,推进教育终身化以提升国民的文化素养已成为增强国家软实力、提高城镇化水平与质量以及实现区域可持续发展的必然选择。《中国教育现代化 2035》文件提出"更加注重面向人人""更加注重终身学习"的教育理念,以及"建成服务全民终身学习的现代教育体系"的发展目标。网络教育不仅可从学前教育、初等教育和高等教育方面推动教育发展,而且可以从继续教育和职业教育方面推动教育终身化的发展。

7.3.1 网络教育鼓舞学前教育的发展

随着网络技术的不断发展,家园合作突破了传统上时空的限制,将家园合作关系构建成一种新视域、全天候的关系,从而提高了家园合作的效率和质量。在运用现代信息技术优化家庭、家长和幼儿园合作的过程中,必须树立为幼儿营造全面发展环境的理念,尽可能为幼儿提供优质的教育支持。幼儿园可以通过网络教育平台向家长传递幼儿教育的相关知识以及幼儿的学习与发展状况,也可通过网络教育平台获取幼儿家庭教育的相关信息,以便及时掌握幼儿的课外发展情况。家长可以通过在线教育平台等网络手段与幼儿园就幼儿的教育问题及时进行沟通和咨询,使幼儿园可以及时地了解家长的需求。幼儿教师可利用丰富的网络教学资源进行课程设计,创建一个活泼、生动、有趣的高效课堂,并可以通过参加各类网络信息技术培训班来提升自身的信息化教学水平,满足幼儿日益增长的学习认知需求,挖掘和培养孩子的兴趣爱好,激发孩子的创造潜能,使师生关系变得更加亲密。

网络教育可以促进学前教师的专业技能发展。幼儿教师来源复杂,部分教师没有接受过专业系统的学前教育技能培训,缺乏专业理论知识,专业技能尤其是教育技能较弱，因此完善学前教师培训机制就显得尤为重要。网络信息技术在教育领域的普及和应用促进了教育理念、教学模式、教学方法的不断更新。教育改革的核心是教师已成为人们的共识，教师作为教学活动的主导者、组织者和推动者，发挥着支柱作用。教师的专业化发展对教学的质量和效率起着决定性的作用，这也是教师自身发展的必要条件。网络使教师专业能力结构的组成因素变得更加丰富，信息技术与学科整合能力、信息技术知识教学迁移能力、数字化教学评价能力、数字化协作能力、数字化交往能力、促进幼儿数字化发展的能力等将成为互联网时代数字教师的核心能力，共同促进教师的专业成长。

7.3.2　网络教育保障初等教育的发展

作为整个教育过程的基础，初等教育对推进教育终身化起着关键作用，为了提高教育终身化事业的质量和水平，必须重视初等教育的发展。随着网络技术的不断发展，网络教育已经成为现代教育的一大特征，网络教育颠覆了传统教育观，强调学生在教学活动中的主体性，为其终身发展提供了坚实的物质环境基础。

尽管网络教育逐渐得到普及，但 K12 教育的线上化率仍然不高，截至 2019 年线上化率不足 8%，还有广阔的空间待挖掘。目前初等教育的教学形式主要还是线下面授，要求学生到现场参加，这种方式不但费时费力，而且一旦缺席就无法补课，学生的学习时间和学习效率无法得到保障，这也导致了线下面授的教学方式无法完全满足当前初等教育的发展需求。网络教育的发展给初等教育提供了更多的选择，利用网络教学可以丰富教学形式，学生不再需要在指定的时间和地点进行学习，教学资源可以通过网络获得，学习过程中的任何疑问也都可以通过网络提问和留言的方式得到解答，提高了初等教育的灵活性，这同时在一定程度上提高了学生的积极性和参与度。网络教育的发展使初等教育不再受时间和空间的限制，大大提升了学习效率。

7.3.3　网络教育推动高等教育的发展

近年来，随着我国经济腾飞和产业结构的转型，传统的高等教育工作思路和教学模式已经不适应新时代的需求。随着网络教育的发展，接受高等教育的学生能够实现随时随地学习，师生在线互动便捷高效，有效地缓解了这一矛盾。

网络教育与高等教育相结合的方式可以进一步完善教管体系。《国务院关于积极推进"互联网+"行动的指导意见》中指出："互联网+"是把互联网的创新成果与经济社会各领域深度融合，推动技术进步、效率提升和组织变革，提升实体经济创新力和生产力，形成更广泛的以互联网为基础设施和创新要素的经济社会发展新形态。

教育部办公厅在《关于服务全民终身学习　促进现代远程教育试点高校网络教育高质量发展有关工作的通知》中提出："建立协同联动机制。省级教育行政部门之间探索建立规范管理协同联动工作机制，对有关高校网络教育专业设置、学习中心站点设置、跨省办学等协同加强规范管理和督促指导，促进信息共享，形成工作合力。有关高校主管部门也要切实履行对所属高校办学秩序和办学行为的监管职责，采取各种有效措施督促高校提高网络教育人才培养质量，加强与教育行政部门的协同联动。"另外还指出，"加强师资队伍建设。优化师资力量配置，以本校教师为主体加强师资队伍建设，激励更多优秀教师参与教学，将相关工作量纳入学校教师绩效考核体系，积极培育网络教育教学名师和教学团队"。高校网络教育是基于互联网技术发展起来的，因此要严把人才培养的入口关、过程关和出口关，也必须立足于对互联网技术的深入认知，自觉运用互联网技术，尤其要充分重视互联网的开放性特点，努力提高网络教育过程的透明度，创造条件让高校网络教育自觉接受社会监督，为社会监督创造条件。这样一方面可以充分利用技术优势提高管理效率；另一方面，也有利于增强高校网络教育的公信力，实现入口关、过程关、出口关环环透明，步步可控。这一管理探索的成功，不但为高校网络教育发展提供了质量保证，同时也对高校教学管理进行了有效的试验，值得充分期待。

7.3.4　网络教育增进继续教育的发展

发展终身教育、构建终身教育体系已成为各级政府和全社会的共识，这需要公民自觉性的提高，重点是要实现终身教育的加快发展、终身教育体系构建的加速推进。加快终身教育的发展、加速推进终身教育体系的构建是复杂的社会系统工程，需要实现理论的突破和创新，但关键是要聚焦实践问题，寻找有效的推进措施。最近几年，在政府的高度重视和大力推动下，终身学习呈现出持续向好的态势，初步形成了良好的整体推进格局，终身教育的发展与体系构建步入了健康有序的轨道。终身教育是解决网络信息时代带来的问题的最佳办法。针对网络信息的特点，最大程度地发挥网络教育的优势，摒弃网络带来的不良影响，有助于更加舒适、方便地徜徉在知识的海洋里，有助于让不同地域、不同年龄的人能够根据自身需要进行学习，进而使网络教育成为终身教育的重要助力，实现真正意义上的终身教育。结合继续教育的新型教管模式，创建具有中国特色的网络教育的解决方案。

第一，充分利用网络教育技术和手段实施教学。继续教育的教学重点是提升学生的动手能力，实践教学在整个教学过程中应占有较大比重。但长期以来，由于各种条件的限制，高校继续教育很难开展有效的实践教学活动。网络教育可以将具体的实践教学虚拟化、远程化，学生可以利用网络教学平台进行实际操作，教师对关键的技术环节实施监控指导。开放式网络共享教学资源可以有效提升参加继续教育的学生的学习质量和效率。讲授同样的知识，不同的学校和不同的教师有着不同的风格，参加继续教育的学生可以依据自己的喜好在众多的同类课程中进行选择，让名校中的名师为自己授课。此外，网络教育的教学形式不受空间、时间的限制，学生可以通过电脑、手机等互联网设备实现"时时可学、处处可学"。

第二，搭建以网络教育为教学手段的远程教学督导体系。继续教育在实施过程中的困难之一是高校难以全方位监控学生的学习过程。以成人函授教育为例，所有课程以学生自学为主，然后集中一段时间进行集中面授和考试，对于学生自学过程，高校无法了解，教学质量难以得到保障。以网络课程学习的线上形式代替传统的学生自学的线下形式，可以增加学生与高校教师的互动环节，适当减少面授学时，通过学习进度的记录对学生的自学过程进行全程监控。此外，网络教育可以对面授过程中的教学质量进行有效监控。继续教育面授大多数在校外教学点进行，高校很难有效监督授课过程中教师的讲课质量和学生的学习态度，利用网络教育，搭建远程监控和学生及时反馈为主的督导体系，第一时间掌握教师的授课情况和学生的想法，从根本上保证了继续教育的教学质量和效率。

7.3.5　网络教育助力职业教育的发展

进入信息化时代后职业教育在教育改革中所拥有的地位越发重要。职业教育是专门培养技术人才的教育类型，注重实践是其区别于普通教育的显著特征。加强校企合作，为职业院校培养高质量技术技能人才提供必要支撑是企业自身发展的内在要求，而网络教育在企业和高校之间搭建起了沟通的桥梁。《加快推进教育现代化实施方案（2018—2022 年）》中提出，着力构建基于信息技术的新型教育教学模式、教育服务供给方式以及教育治理新模式。促进信息技术与教育教学深度融合，支持学校充分利用信息技术开展人才培养模式和教学方法改革，逐步实现信息化教与学应用师生全覆盖。同时要大力推进"互联网+职业教育"，针对"专业知识、职业技能和信息技术"三位一体的高质量技能培训，探索基于互联网的认知规律，创建校企跨界合作、教学环境与工作场所结合、虚实环境融合的新型职业教育教学方式。职业院校作为技术技能人才的核心培养主体，需要对接产业发展需求，培养高质量劳动者是其立足点和归宿。网络教育通过促进完成技术技能人才的培养任务，对社会和企业的供需进行助力，实现职业教育的初衷。

经济社会的高质量发展离不开职业教育的高质量发展，新岗位、新行业、新业态与新技术的更新周期越来越短，社会对技术技能型人才的需求空前高涨，职业教育亟须从原来的规模扩张阶段向内涵式发展阶段转变。网络教育能够从梯度、广度、深度以及丰富性方面对职业教育的发展进行全面赋能，在保障职业教育人才培养质量中发挥了不可磨灭的重要作用。在梯度方面，网络教育能够根据不同地区的发展差异提供不同的教育教学资源。在广度方面，网络教育能够提供全球化的教育，使参加职业教育的学习者足不出户就能学习到全球各地的职业知识及技能。在深度方面，网络教育能够担当起社会责任，为各行各业做出重大的知识贡献。在丰富性方面，网络教育培养专业人才，既能通过知识赋能把潜在的人力资源转换成社会的劳动生产力，还能让技术和技能得到传承和创新。

7.4　本章小结

　　本章分析了网络教育发展国家政策对我国教育事业所带来的重大变革。首先，列举了我国实现教育现代化的具体政策，从目前教育现代化所面临的困境和挑战出发归纳了网络教育在促进我国教育现代化方面的优势。其次，从网络教育带来教育资源均享出发，分析了网络教育资源对降低教育成本的作用，阐述了网络教育造就学习者全方面均衡发展的原因。最后，针对教育的五个不同阶段进行分析，总结了网络教育助力各个阶段教育质量提升的不同具体方式。

第8章 网络教育发展关键要素

本章从网络教育发展的全视角出发,围绕网络教育的技术环境、服务类型、学习资源和教学模式要素,总结了技术提供的各类支持、网络教育平台具备的核心功能、资源形成的不同类型和教学采用的主要方式。

8.1 网络教育的技术环境

从系统论视角来看,网络教育技术环境是由互联网、教与学终端、资源、平台形成的生态系统。网络连接教与学终端、资源以及平台,教师和学生通过教与学终端获取资源服务与平台服务,随着网络教育技术的不断发展,资源、平台以及终端之间的界限逐渐模糊并将最终走向融合。

近年来新兴信息技术日新月异,先后涌现了互联网、物联网、大数据、5G、人工智能、云计算等新技术。在网络技术的驱动下,各类教与学终端、资源与平台实现了互联互通,共同为教与学活动的开展提供支持服务。这种连接使得物理学习空间与虚拟学习空间的界线逐渐模糊,教与学活动发生的场所不断扩容,支持的学习活动形态更加多样,为个性化教与学提供的服务更加细致与全面。从技术发展趋势来看,未来教与学终端、平台与资源将不断融合,有望形成互联互通、应用齐备、协同服务的网络教育大平台。

教学环境是师生教与学活动发生的场所,技术在教学环境中的融入为教与学活动的开展提供了更灵活的支持。教与学终端是教学环境中师生获取数字教育资源和学习平台支持服务的通道,随着技术的发展,教与学终端向多样化、数字化、集成化、便携化、智能化的方向发展。当前常见的终端包括计算机、触控一体机、平板电脑、手环、虚拟现实头盔、体感设备、深度相机等，这些终端设备可通过嵌入式软件调用自身集成的功能或者远程访问各类资源、学习平台。

教与学活动开展离不开各类资源的支持。资源根据其表现形态与功能可以划分为知识类、工具类、虚拟现实类以及智能类，其中知识类资源是以视频、音频、动画、文本等符号为载体，以传播知识为目的的资源形态；工具类资源指能够提供体验、实验、验证、分析、统计、交互等功能的各类通用软件系统与学科专用软件系统；虚拟现实类资源是指通过融合虚拟现实、增强现实和混合现实技术与网络技术、移动通信技术，有效地将多媒体资源融入真实和虚拟的情境中，所开发的交互式学习环境可以满足学生对知识学习、能力训练、实践操作的要求，可以构建手术台、博物馆、实验室等虚拟环境；智能类资源则包括一系列虚拟学伴和教师，能够分析用户的知识水平、职业需求和能力特征，并根据用户的需求提供自适应的学习资源，为不同需求的学习者提供符合其认知水平的学习服务。

平台通过融合资源、服务和数据为教与学活动的发生提供网络虚拟空间支撑。平台可提供以下三类服务。

第一，为教与学的主体分别提供支持服务。早期平台主要发挥知识类资源存储与共享的功能，随着技术发展与信息化教学需求的提升，平台开始以汇聚或自建的方式提供各类教与学的应用，并以服务的方式为教学设计、协同教学、个性化学习、智能评测等各类教与学活动的开展提供一体化支撑。

第二，为用户提供数据分析服务。平台集成各类数据分析工具与模型，对教与学活动中的各类数据汇聚分析，为个性化学习、精准教学、教育管理科学决策等提供服务。

第三，为用户提供个人空间服务。平台为用户建立个性化学习与工作空间，汇聚个体的各类教与学应用入口，提供学情分析与反馈、个人电子档案袋等服务。

8.2 网络教育的服务类型

网络教育平台是一种一体化软件系统,为个人和地方提供教学、教研、评价、资源等服务。根据平台提供服务的侧重点可将网络教育平台分为三类:一是以提供资源共享服务为主,二是以提供教与学应用服务为主,三是以提供个性化学习服务为主。

8.2.1 资源共享服务

针对课程教学,网络教育平台主要提供体系化的数字教育资源供给服务。具体包括如下内容。

第一,资源建设与共享。资源建设机构依据分类规则和分类标准把零散的试题库、教学案例、多媒体课件及音视频资源存储在网络数据库中,形成资源库后通过系统进行统一管理。例如,现在普遍使用的国家教育公共资源服务平台提供了不同学科、不同版本下的优课,可以为新手教师提供教学经验,或者让教师通过网易公开课、各类慕课课程等平台的资源建设功能开发体系化课程资源和开放共享资源。

第二,资源汇聚与共享。通过平台的开放接口将数字科技馆、数字博物馆、数字图书馆、公共开放课程、智力资源等社会资源聚集在一起,共享由社会各方开发的个性化资源,由国家教育公共服务平台接入第三方资源应用就是一个具体案例。

第三,资源交易服务。利用区块链技术保护知识产权,通过购买、使用和支付个性化资源机制来实现资源备案、流动、评价的全链条管理以及数字教育和知识资源的多种共享。

第四,资源的个性化服务。从资源的基本属性、知识图谱层次、推荐层次、进化层次和学习分析层次等方面构建资源个性化描述模型,并通过平台的资源智能搜索引擎为师生提供适用性的资源服务。资源的个性化服务不仅是新教育基础设施的重要组成部分,同时还是当前各种资源服务平台进一步提高服务能力的建设方向。

8.2.2　教与学应用服务

平台整合或构建多种教育应用程序，通过提供高质量、便利性、选择性的云应用程序支持教育教学、行政管理和公共服务的开展。主要包括以下服务。

第一，提供教与学各类应用。平台建设者可以根据每个教学环节和每个教学活动开展的需求通过自主开发或通过开放接口访问第三方应用的方式聚集充足的各类应用，为课程教学提供全面、系统的服务。常见应用包括课程准备、教授、互动、小组协作、直播、虚拟实验、思维导图、在线测试、智能评估、智能问答以及学习情景分析等。例如，网络教育云平台给教师提供智能教学助手、给学生提供智能伙伴，教师工作站收集通知、资源、作业、教研、班级管理等各种应用。

第二，支持教师教学。教师可以使用各种应用程序组织或管理教学资源、创建教学环境、设计教学过程、组织和管理教学活动、进行教学评估和建立专业发展共同体等。例如，教育云平台提供的云学校家庭应用可以为教师提供各种活动的支持，包括预习导学、主题阅读、教学互动、活动组织、课堂讨论、推送作业、家校交流等。

第三，支持学生学习。学生可以使用各种应用程序创建个人学习环境、管理学习材料、组织和管理学习资源、管理学习活动以及执行个人学习评估等。

8.2.3　个性化学习服务

网络教育平台将资源服务、应用服务和数据服务融为一体，为区域内的教师和学生提供个性化的学习支持服务。这一类平台是新教育基础设施"平台体系新型基础设施"的任务要求，目前其建设仍处于探索阶段。服务类型主要包括以下几种。

第一，数据服务。平台拥有完善的数据标准系统和成熟的教育数据智能收集、集成和存储技术与标准化方法，对内实现统一采集和存储各种业务数据资源、教学应用数据、终端数据，对外通过开放接口的方式与各级各类教育平台实现数据融通；平台拥有面向各种教育应用场景的分析模型，能够帮助用户选择合适的分析模型来分析不同的场景。

第二，资源与教学应用的融合服务。在数据服务的支持下，教学资源和应用程序实现了业务流程和数据的有机结合，借助知识图谱、个性化推荐算法等并利用自身的服务优势为师生提供完全兼容的资源与教学应用服务。

第三，个性化教与学支持服务。个体学习者与团队学习者都可以在平台上享受相应的数据收集与分析服务。通过分析收集到的基本个人信息、资源交互行为数据和人机交互行为数据为用户构建个体和群体特征模型，包括先验知识积累、学习习惯、学习动机、学习成绩、教学方法、教学手段、教学效果等，同时根据个性化推荐引擎定制个性化的学习资源、个性化的信息、个性化的界面、个性化培养方案与个性化评估手段等，为师生提供个性化的服务。

8.3　网络教育的学习资源

在教育领域中，随着信息技术的普及和渗透，衍生出为了满足特定教学目的而专门设计的，或以各种数字形式存在和使用的服务于教育的资源，即数字教育资源，包括知识类、工具类、虚拟现实类、智能类学习资源。

8.3.1　知识类学习资源

传播知识是知识类学习资源的主要目的，这种形态的教育资源主要以音频、视频、动画与文本等为载体。知识类学习资源可以分为基础知识类资源与扩展知识类资源两种类型。其中基础知识类资源是基于课程标准而开发的数字化资源，其特征是具有明确目的性、知识结构性与系统性，包括电子教科书、试卷、教学案例、文献、课件、微课、网络课程、资源库和案例库等。扩展知识类资源是超出课程标准范围的知识资源，其特征是广泛性、专题性、行业性，能应用于教与学活动中，包括数字图书馆、数字博物馆和各种专业资源。

8.3.2　工具类学习资源

软件系统是工具类学习资源的实质，其主要功能包括实验、体验、验证、统计、分析、交互等，为了让使用者达到开展学习的目的，主要采用操作、探索等人机互动活动。根据功能与作用，工具类学习资源可分为以下类型：第一，评价与分析工具，包括作业、投票、互动评价、问卷调查、智能阅卷、反馈单等。第二，技能训练类工具，实际是一个软件系统，通过交互操作的方式让使用者学习过程性知识以及开展技能训练，技能训练类工具由融合了知识学习的软件系统支撑，特别是集过程性、结构性知识学习于一体的系统，包括各种图形工具、几何画板、数字地图、虚拟实验室等学科工具和虚拟实验系统等。第三，交互工具，如即时通信工具（微信、QQ）等，交互工具是网络媒体区别于以前各类媒体的显著特征，用以实现人机交互与人人交互。

8.3.3　虚拟现实类学习资源

虚拟现实技术与增强现实技术不断发展成熟并且被逐渐应用于商业领域，此外，虚拟现实技术还与网络多媒体技术实现了交叉融合，大大地扩展了数字教育资源的内涵。在此基础上创造了全新的数字教育资源形态——虚拟现实类学习资源。虚拟现实、交互多媒体、移动通信等技术的融合能够构建集真实情境、虚拟情境、文字教材、多媒体资源于一体，支持体系化、系统化学习的增强现实学习资源环境。例如，带有增强现实功能的图书能够使学习者运用智能终端设备获得多媒体的、虚拟信息与真实信息相叠加的体验。为使用者提供高沉浸感的体验环境需要全面整合虚拟现实技术、交互多媒体技术、移动通信技术等，如今已经出现了虚拟课堂、虚拟实验室、虚拟体验馆、虚拟博物馆等各类虚拟现实资源，其可以同时包含知识获得、能力培养与实践操作，为学生提供一体式的交互式体验学习环境，使学生实现全面发展。

8.3.4　智能类学习资源

人工智能技术的发展引发了虚拟现实技术、大数据分析技术与可穿戴技术的交叉融合，其最重要的表征是智能代理的出现，智能代理可以让数学辅助系统感知用户需求。智能助手、智能导师、智能学伴等各种智能代理角色能够根据用户特征为其提供适宜性的资源和服务。例如，在虚拟博物馆中，以不同的方式来呈现虚拟资源可以实现个性化与智能化的指导与服务，其主要途径是智能代理对参观者的知识水平、兴趣、偏好与职业等进行分析。

8.4　网络教育的教学模式

利用信息技术改变学生的学习方式是网络教育的基本思路，为了支撑和改变教学结构与进程，需要在教学的全过程中应用互联网、人工智能等新兴信息技术。典型的网络教育方式有以下几种。

8.4.1　大规模个性化教学

网络教育发展的基本方向是面向学生群体的分层分类教学。大规模个性化教学强调针对每一个学生个体，但在学校教育制度下，针对每一个学生个体的教学在现存条件下难以实现。实现规模化教育与个性化培养有机结合的理念在 2019 年由中共中央、国务院印发的《中国教育现代化 2035》中被强调。指导理念为全员成才教育理念，基础为目标培养，依据为生源质量和个性差异，以全体学生为对象，落实思想品德修养和文化知识学习、社会实践和创新思维、全面发展和个性发展紧密结合的人才培养模式，这种模式也被称为规模化与个性化相结合的人才培养模式。教育规模化意味着教育资源供给和学习机会平等，有利于促进国民整体素质水平提升，然而随着规模的扩展会出现对学生个性关注不足、创新潜质挖掘不深等问题。个性化教学是承认差异、尊重差异、优化自我、发挥优势，重视个体潜能开发、促进个体创新性思维和能力的创造性教学。大规模个性化教学对学科教学模式的设计提出了新的要求，在进行新教学模式实施的过程中，不但要考虑行政班级规模教学，而且要考虑学生的差异性与个性化，实现两部分的统一对班额大、学生发展水平离散性大的班级的教师来说是一种挑战。

8.4.2　大数据驱动的精准教学

网络教育中大数据驱动的精准教学依赖系统对学生过程性、即时性学习行为与表现的记录。大数据驱动的精准教学将大数据作为手段对学生的学业现状进行精准分析，并以此为前提精准定位教学目标、精准选择教学内容、精准设计教学活动、精准评价学生的学习情况，进而做出精准决策，从而量化、监测与调控教学过程和教学结果。数据统计、分析、挖掘等技术支持下的学情分析可以为精准教学把脉，应用知识图谱、认知诊断、协同过滤等技术的个性化资源推荐需要基于对学情数据的分析。诊断的精准性是数据驱动精准教学的基础，并且诊断会被应用到教学模式实施的全流程。

8.4.3　有干预的自主学习

学生独立的学习被称为真正意义的自主学习，是学习者元认识能力得到充分发展的结果。自主学习者会定时而有效地安排学习时间,并且能够对学习结果做出预测,对学习的物质与社会环境保持高敏感度。自主学习可以分为以下三个方面:第一,事先计划与安排自己的学习活动;第二,监督、评价与反馈自己的实际学习活动;第三,调节、修正、控制自己的学习活动。自主学习的特征主要包括能动性、反馈性、有效性、迁移性与调节性。自主学习是通过学习过程界定的,因此对自主学习实质的阐述也是从学习活动的整个过程进行的。一个学生的学习是否为自主学习可以从以下几个方面进行界定:首先,学生在学习活动前能够自己对学习目标进行确定,制订学习计划,做好具体的学习准备;其次,学生在学习活动中能够自我监控、自我反馈和自我调节学习进展与学习方法;最后,学生在学习活动后能够自我检查、自我总结、自我评价和自我补救学习成果。在学校教学中较少发生真正意义的自主学习,大数据自主学习是具有教师干预或学伴帮助的学习,这种学习有自主学习的一些特点,可以将其定义为有干预的自主学习。培养学生的自主学习能力对于网络教育十分重要,需要将有干预的自主学习发展为学生独立的自主学习,根据学习者的学习情况逐步疏通网络教育培养学生自主学习能力的路径,即从强干预到弱干预再到不干预。

8.4.4　协作学习和翻转课堂

网络教育中协作学习指按照一定规则和学习目标将学习者分成小组,通过网络教学中的人际沟通、互助及协同知识建构提高个人和小组学习成绩的一种教学策略。协作学习的本质是一种教学形式,在协作学习过程中学生按照 2～6 人为一组的形式来从事学习活动,在小组内共同完成教师布置的任务。协作学习的基本特征就是小组,教学在具体的学习活动中是以小组的形式进行的,任务与学习目标是由小组内成员一起完成的。在教学上以小组的形式使学生的学习活动促进自己及他人提高的学习就是协作学习,协作学习具有学习互助、促进交互作用、社交技能、小组自加工以及个人责任五个必备要素。小组可采用异质与同质小组的组织方式,异质小组能够更好发挥学伴的帮助与指导作用，而同质小组更有利于开展差异性与分层教学。翻转课堂的基本思路是翻转传统的学习过程，教师与学生将课堂作为互动的平台，知识点和概念的自主学习是由学习者在课外时间进行的，答疑解惑、汇报讨论是在课堂上进行的，从而达到更好的教学效果。颠倒课堂也是翻转课堂的一种形式，通过对知识传授和知识内化进行颠倒、对传统教学中的师生角色进行改变以及对课堂时间的使用进行重新规划对传统的教学模式进行革新。翻转课堂这一教学理念认为学生有自主学习的能力，但障碍在学习的过程中是不可避免的，教师在真实的教学环境中采用新型的学习活动方式消除学生学习障碍，体现了教师角色转变、学生主动学习、高阶思维培养的新理念。

8.5　本　章　小　结

本章总结了网络教育需要的技术环境，包括互联网、教与学终端、资源、平台；整理了网络教育平台所具备的核心功能，包括资源共享服务、教与学应用服务和个性化学习服务；归纳了网络教育资源的不同类型，包括知识类学习资源、工具类学习资源、虚拟现实类学习资源和智能类学习资源；梳理了网络教育的主要学习方式，包括大规模个性化教学、大数据驱动的精准教学、有干预的自主学习、协作学习和翻转课堂。

第 9 章 网络教育与技术的融合

9.1 人工智能技术赋能网络教育

2017 年，国务院印发《新一代人工智能发展规划》，明确了智能教育发展方向，利用智能技术加快推动人才培养模式、教学方法改革，构建包含智能学习、交互式学习的新型教育体系，提出"把高端人才队伍建设作为人工智能发展的重中之重，坚持培养和引进相结合，完善人工智能教育体系，加强人才储备和梯队建设，特别是加快引进全球顶尖人才和青年人才，形成我国人工智能人才高地"。显而易见，人工智能技术将成为实现智能教育的主要技术手段。

9.1.1 人工智能的发展现状

智能教育是一种新型教育模式,利用人工智能技术的成果构建新型教学系统以获得更高的连接性、共享性、便利性和灵活性。智能网络教育涉及广泛的人工智能技术，包括知识表示与知识图谱、大数据分析技术、计算机视觉技术、智能语音技术、自然语言处理、情感计算等。

第一，知识表示与知识图谱。知识表示在智能网络教育系统中起着至关重要的作用，特别是语义网络知识表示方法，其有助于体现学科知识点之间的联系，便于学习者更加系统地掌握知识。知识表示方法包括知识模型、问题模型和解决问题的推理模型。其中知识模型可以充分地表示某一领域的知识结构，并且可以有效管理知识领域的概念、联系和推理规则等基本组件。问题模型是得到知识模型之后，针对特定对象依据特定事实为得到特定目标而建立的模型。构建知识表示方法中的问题模型，还需设计相应解决问题的推理模型，其中最具挑战性的是找到启发式规则并模仿人类解决问题的思维，从而为知识表示建立具有和人类相似的有经验的、理智的推理模型。构建知识图谱的最初目的是实现更加智能的搜索引擎，其本质是一种语义网络构成的知识库。作为认知智能的关键技术基础，知识图谱在教育智能化走向认知智能这一更高级的阶段中起着决定性作用。教育知识图谱可以实现精准教学、自适应性学习等场景下的智能化应用。在知识图谱中节点表示概念或者实体，其中节点间由图的边相连接，而图的边表示概念与实体间的语义联系。

知识的推理、知识的融合、实体链接技术和实体关系的识别是构建知识图谱的四个核心部分。首先是知识的推理，它通常包含基于符号的推理和基于统计的推理，即通过已有知识图谱定义的规则来推理出新的实体关系或者借助统计方法运用机器学习的技术从原有知识图谱中学习新的实体关系。简单来讲，知识的推理就是通过这种符号的推理方式利用各种方法，借助原有知识库推导出新的知识结论。其次是知识的融合，其指为通过多种数据源获取的知识实体组成的庞大知识库提供统一的术语、知识库存储和知识库管理方案。再次是实体链接技术，其中的链接指实际应用过程中的实体与知识库构建过程中对应实体间的链接，当前比较流行的实体链接技术分析方法包括深度神经网络方法、主体模型方法、概率生成模型方法和概率图方法等。由于实体链接技术需要解决不同实体间的歧义问题，所以实体链接技术中的自然语言具有模糊性、歧义性和多义性等特点。最后是实体关系的识别，指在结合上下文相关信息的基础上利用统计学方法从文本中提取对应的实体关系。

第二，大数据分析技术。对规模巨大的网络教育教学数据进行收集和处理，从而获取有价值的信息是大数据分析技术的核心。数据收集、数据分析和数据识别是大数据分析的三个步骤。数据收集的目的是防止数据丢失，在确定收集渠道和收集方法的基础上通过合适的数据存储方案将数据识别过程中的信息需求转化为所要求的具体数据类型。数据分析的目的是通过整理、分析和加工等手段将收集的数据转化为有用信息，常用的教育大数据分析技术包括模式分类、最邻近算法、回归分析和聚类分析等。数据识别指的是对信息需求的识别，为了保证数据分析整个过程的有效性，必须根据指定任务的需求确定清晰的数据识别目标。以大数据为基础可以实现对智能决策的支持、精确学情的诊断以及学习的个性化分析，这对于教育公平的促进、教育质量的优化和提升将起到重要作用。大数据技术能够以各种各样的方式支持学习分析。随着教育数据报告复杂程度的不断加深以及教育数据规模的骤增，可视化分析技术能够实现通过查看报表掌握数据趋势和关系的目的。课程推荐通过对学生活动的分析能够发现学生的兴趣爱好，在评估学生技能、检测学生行为及分析社会网络的基础上精准地向学生推荐个性化课程。表现预测是通过对学生在学习环境中的互动来实现学生表现的预测，互动的主体主要包括学生与学生以及学生与教师。学习系统所提供的智能及时反馈能够实时回应学生的输入，促进学生的互动行为及学习表现。

第三，计算机视觉技术。计算机视觉是在感知图像的基础上对客观对象和客观场景十分有用的决策，是人工智能在实践过程中使用最广泛的技术。计算机视觉能够通过对网络教育中学生情绪行为状态的实时评估对学生的学习计划进行个性化定制，其核心是理解图像。基于人工智能能够对大规模图像训练并采集得到有用信息，进而在计算机视觉中发挥作用。图像分类是计算机视觉的一个主要研究内容，指对一组存在不同类别的图像进行标记，按照不同的特征信息预测新测试图像的类别，同时对预测的准确性进行测量。在进行图像分类时需要构建训练集，其中训练集是由多张图片组成的，一般按照图片被分成多个类别，然后设计训练器，借助训练集对训练器进行训练，达到图像类别特征学习的目的，最终评估分类器性能，利用通过前两步得到的训练器对新输入的图像进行预测，实现确定类别信息的目的。

在上述过程中需要明确目标检测、目标跟踪、语义分割和实例分割的含义。目标检测指找出图像中一个或多个特定的目标位置进行目标类别的识别。目标跟踪是通过对特定场景的一个或多个兴趣目标进行跟踪达到在多帧图像中描述目标位置变化的目的。语义分割指将图像进行多组像素块分割并对每一个分割的像素块进行特定类别信息的标记，从而达到理解每一个图像像素语义含义的目的，如得到属于狗、猫或者是其他种类事物的像素。实例分割能够对相同种类事物的不同个体进行分割，而语义分割不能够对相同种类的事物进行分割。图像分类问题面临着图像变形、光线变化、视点变化、类内差异、物体遮挡和图像尺寸变化等诸多挑战。

第四，智能语音技术。智能语音技术包括语音识别和语音合成，智能语音技术借助人工智能技术达到人机语言通信的目的。语音识别、语音合成以及语音测评都依赖于智能语音技术，在普通话教学和网络双语教学中智能语音技术发挥着其方便、简单和快捷的特点。语音识别技术指人机语音交互的输入，将人所使用的语言信息转化为计算机能识别的指令，让计算机接受、识别并理解人的语言信息。语音合成技术指人机语音交互的输出，将计算机指令及文本转化为语音输出，达到使计算机模仿人说话的目的。智能语音实现了计算机指令与人的语音的相互转换，使人能够和计算机自然地交互。智能语音在普通话教学和双语教学等语言教学中广泛应用。

第五，自然语言处理。自然语言处理不同于智能语音，不涉及对语音信号的处理，而是聚焦于对文本信息的处理。自然语言处理是一个交叉科学技术，涵盖了计算机科学、语言学和数学等多种科学，能够实现人与计算机有效在自然语言层次的交流通信。在教育领域，自然语言处理能够实现教育文本处理、自动评分、语言对话和作文纠错等。自然语言处理技术的研究内容包括语言计算、社会计算、信息过滤、文本挖掘、信息检索、语言资源库构建、机器翻译、机器辅助翻译、手写体识别和印刷体文字识别技术等。其中语言计算包括语义语法、词法句法等多个层次的计算；社会计算包括社交媒体、社会网络和网络信息的计算；信息过滤包括信息安全的防护和网络内容的管理；文本挖掘包括文本分类、文本聚类、信息可视化、情感计算和交互界面设计等；信息检索包括高速搜索引擎和信息抽取；语言资源库构建包括术语库、计算词汇、语料库、词典、形式化本体和知识图谱等。

第六，情感计算。情感计算的目的是使计算机具备识别理解并表达人的情感的能力，实现真正的智能，是由麻省理工学院媒体实验室在 1997 年提出的。一般在智能网络教学的情感心理部分使用情感计算，由于学习者在学习过程中具备丰富的语言和表情，如学习者在接受学习内容并理解相关知识时通常表现为情绪高涨，反之则会表现为情绪低落。这些重要的反馈信号能够使教师及时调整教学策略。情感计算主要包括情感识别、情感决策及情感表达，其中情感识别通过不同的维度进行人类情感的建模、识别及捕捉。人类情感模型主要包括维度情感空间和离散型情感空间两个类别。维度情感空间通过将不同情感类型放置在一个连续的空间中并对情感赋予数值向量达到计算情感区别联系的目的。离散型情感空间的情感没有一定的逻辑关系，如人的开心、伤心、生气、厌恶、害怕和惊讶等情感，离散型情感空间能够赋予人类不同情感独立的标签。情感决策指通过情感的变化来对机器人采取奖赏机制，在将情感机制融入学习算法的基础上辅助人类实现智能决策。人机交互效率和机器人人性化程度的提升都能够通过人工智能准确的情感表达来实现，主要技术包括语音合成、表情变化和机器人肢体动作等。

9.1.2　网络教育智能化

如今人工智能技术广泛应用于在线学习的各个方面，包括智能导师、教育机器人、学生伙伴、学习评估、教育数据挖掘、学生画像等。

第一，智能导师辅助下的个性化教学。人工智能在网络教育中的一个应用就是智能家教，可以根据学生的兴趣、习惯和学习需要为学习者制订具体的学习计划，从而促进学生的个性化学习。智能导师于 1982 年首次出现，主要通过模拟教师使用计算机教学的经验和方法对学生进行一对一的指导，向具有不同需求和特点的学习者传授知识。智能导师通过语音识别和自然语言处理技术实现计算机作为家教的功能。智能导师能够促进学生的个性发展、提高学习效果的主要原因是智能导师可以在学生学习过程中实时跟踪、记录和分析学习过程和成果，了解他们的个性与学习特点，为每个学生选择合适的学习资源，并根据这个特点制订个性化的学习计划。智能导师为学生提供有针对性的即时学习解决方案的同时也可以对学生的表现和解决问题的能力进行评估和反馈，并据此提出建议。

第二，教育机器人担当智能助手。目前在教育中人工智能工具被广泛应用，教育机器人逐渐成为教师教学和学生学习中的得力助手。例如，教育机器人可以帮助教师完成阅读课文、检查考试、执行测验等课堂任务，还可以帮助教师收集和整理材料并协助教师进行备课与研究活动，同时还能够提高教师的工作效率，减轻工作压力。教育机器人通过共享资源、协助学生进行学习任务的管理等方式促进学生的友好合作和积极参与。

第三，人工智能产品变身学生伙伴。人工智能产品不仅是学校教育师生的助手，更是家庭中孩子的伙伴。例如，亲子家庭机器人不仅可以陪伴孩子进行体操、唱歌和游戏，还可以提供育儿服务，成为学习的助手，为孩子的学习做出贡献，达到寓教于乐的效果。智能机器人还可以陪孩子一起看视频、玩游戏，作为孩子的伙伴，智能机器人可以解答学生学习过程的问题，将相应的结果随时反馈给父母。

第四，智能技术实现自动化评测。机器进行的体力劳动、认知工作和脑力劳动等人工任务都是自动化的。使用人工智能技术实施的自动评估方法可以实时跟踪学生的学习进度并进行实时评估。以英语学习发音为例，系统可以通过自动分析学生发音与标准发音之间的差距，实时评估学生发音质量，从而提供改进建议和内容分析。利用人工智能技术可以实现有效的学习反馈和评估。

第五，教育数据挖掘实现智能化学习分析。机器学习、数理统计、数据挖掘以及其他处理分析教育大数据的技术方法都属于教育数据挖掘的范畴。教育数据挖掘中的数据建模能够展现学习资源、学习内容、学习行为、学习效果和学习成果的关系，通过它们之间的相关性可以预测学生学习的未来趋势。对于学生，教育数据挖掘可以推荐学习活动、学习资源、学习经验和学习目标，帮助学生提高学习水平。对于教育者，教育数据挖掘可以提供更加客观的反馈信息，让学生更好地调整和优化教育决策，改进教育过程和课程设计，并根据学生的学习状况组织课表。

第六，学习分析技术可构建学生画像。利用分析工具进行学习问题的诊断、学习成果的预测和学习效果的优化等都属于学习分析的范畴。近年来，随着人工智能技术的发展，通过数据挖掘和机器学习等技术可以构建学生的数字画像，即基于各类动态学习数据分析计算每个学生的学习心理和外在行为特征，展示学生的学习画像，提高不同学生的学习效果，为教师教学提供精准服务。例如，美国普渡大学创建的教师教学支持系统Course Signals 利用多种学习分析技术帮助教师了解每个学生的学习情况，教师因此可以不断改进教学方法，对学生学习做出有针对性的反馈。

9.1.3　教学模式的变革

人工智能技术与网络教育的深度融合为传统教育教学模式带来了深刻的变革，然而新旧网络教育模式的交替也必然带来教育系统创建者、教师、学生及系统管理者之间关系的重新定位。具体变革描述如下所示。

1. 智能教育系统的需求

教育人工智能的创建者是教育系统的设计者和开发者。应该以给师生提供主观能动性的支持，确保人工智能教育应用的安全可靠、可解释、公平和非歧视等特性以及提升学生综合素质为目的设计并开发人工智能教育应用产品。为了满足这些要求，设计者必须了解不同用户的能力、需求和社会文化的差异，并以良好的设计避免任何形式的伤害和歧视。在这一过程中，程序员首先需要设计不带任何偏见的算法，以保证每个用户都能够被公平公正对待；其次，为了最大程度地进行问责追踪、保证系统正常运行和保护用户数据安全，软件开发者需要创建一个安全、可靠且透明的系统架构。

2. 教师角色的转变

教师的教学评估、学习诊断、教师反馈和学习决策等日常任务都将由人工智能执行。教师的角色随着时间的推移逐渐深化。然而教师在智能学习环境中正面临两方面的伦理困境，即如何应对自己的新角色并处理与智能导师的关系，以及如何在利用人工智能教育应用收集和使用学生学习行为数据并提供教学服务时保护学生的隐私。在新的教学实践环境下，教师应具备相应的伦理知识，遵循一定的伦理标准。因此，教师需要按照伦理原则将人工智能教育应用融入教育实践。

3. 学生面对的生理与心理问题

智能时代对学生的学习能力和素养提出了新的要求，也使学生面临的伦理问题复杂化。第一，人类的神经系统是弹性的。人工智能教育应用可以为学习者提供定制化的服务，但也可能剥夺学生的思维训练。在学生大脑发育的关键时期过度使用认知技术对更高级的认知技能和创新能力的发展非常不利。第二，教育领域中人工智能的发展使得知识产权、诚信等伦理问题更加微妙复杂。当学生使用人工智能自动生成论文、作业或作品时，对相关知识产权的所有权缺乏明确的认知。第三，使用人工智能可能会导致学生重复性压力、视力问题和肥胖问题。第四，教育人工智能在一定程度上阻碍了学生和同伴还有老师的互动，并影响他们参与有意义的人类社会活动。

4. 数据安全边界的评估

人工智能教育应用的正常运行需要大量数据的支持，因此需要记录大量关于学生的能力、情绪、策略的数据，这涉及比较多的伦理问题。一是数据分析和处理过程中可能会涉及数据泄露，所以教师和学生必须在一定程度上保护自己的数据。二是数据所有权归属问题，需要明确责任人的义务。三是如何分析、解释和共享这些数据，以及如何纠正对个别学生的合法权利产生负面影响的偏见。因此，人工智能教育应用的伦理原则不但需要考虑到教育伦理问题，还需要注意不能将其简化为数据或计算方法的问题。

9.2　虚拟现实技术重塑网络教育

虚拟现实技术的使用可以让学习者在可定制的沉浸式学习环境中直观、生动地体验学习内容，从而提高学习效率。目前，虚拟现实技术对传统教学模式的改变主要体现在学习环境的建设与设计、技能培训和语言学习等方面。

9.2.1　虚拟现实技术发展现状

虚拟现实技术是一种新兴的多学科综述性信息技术,利用计算机图像学、计算机仿真技术、多媒体技术、人工智能技术、计算机网络技术、多传感器技术等构建一个沉浸感很强的三维虚拟世界,为用户提供视、听、触等多感官刺激,并提供语音、手势、眼动等自然交互方式。

1. 虚拟现实交互与场景的构建

沉浸性、交互性和构想性是虚拟现实的三个基本特征。沉浸性又指存在感,指用户全身心沉浸到虚拟现实构建的虚拟三维世界之中,用身体感官体验到的感受和真实世界一样。交互性是虚拟现实可以为用户提供和日常生活相同的交互方式,用户可以和虚拟世界进行自然的交互。构想性指的是虚拟现实能够创建出客观世界不存在的世界或者说人类无法触及的世界以及人类想象的环境,基于虚拟现实技术的虚拟校园、虚拟仿真、虚拟实验室和教学娱乐等在教育领域得到了广泛的应用。利用虚拟现实技术可以制作三维教学场景,通过在虚拟现实教学场景中进行沉浸式学习、交互,学生可以更直观、生动地观察到事物之间的关系和趋势,可以取得比传统的教学方式更好的学习效果。

在场景构建层面上,虚实融合需要实现相异时间和空间中的场景间相互嵌入,即本地的真实场景和虚拟空间的虚拟场景的无缝配合,依赖于空间几何一致性、环境光照一致性、运动一致性以及渲染真实感的实现,可以实现在用户视角下虚实空间的精确三维注册,满足视觉沉浸感。在心理学意义上,虚实融合需要虚拟场景的构建符合人类社会学与心理学的规律,使用户在虚实空间达到行为一致性,混合现实可以为人类提供与虚拟世界交互的自然界面,虚拟代理的交互设计需要符合人类行为心理和社会规范。

　　虚实交互是在虚拟环境中用户通过自身的多种感官（眼睛、耳朵、皮肤、手势、语言、肢体、脑电等）和虚拟事物进行直接交互。交互方式的自然性取决于交互方式是否符合用户的日常生活经验，将交互方式设计得与这些经验相一致，是自然人机交互的关键，因此现有的人机交互模式可以看作自然交互的某一类特定的交互模型。在虚拟现实技术中，以下几类交互方式更符合人的日常使用经验。智能语音技术可以在语言层次和虚拟环境进行交互；手势识别技术通过不同手机交互指令的定义完成与虚拟世界的交互；面部表情识别通过对人脸的表情进行采集、处理识别人的表情，进而向虚拟世界输入人的情感变化；眼动跟踪技术对人的眼球进行拍摄，利用计算机视觉技术定位瞳孔位置并获取人眼注视的位置，从而可以作为有效的向虚拟世界的输入方式；触觉和力反馈技术可以模拟虚拟对象对人施加的触觉、压觉、动觉、痛觉等多种感知。

　　2. 虚拟现实场景的感知与认知

　　虚拟现实计算机技术为用户提供多种感知通道，如视觉、听觉、触觉、嗅觉、味觉、运动感知等。丰富的感知通道能够为用户提供更加逼真的体验，带来更高的临场感和沉浸感。理想的虚拟现实可以为用户提供所有的感知功能，随着虚拟现实技术发展，可以为人类提供的感知通道越来越多。除了感知通道，虚拟现实场景也应具备主动感知能力。情境感知是计算机系统利用传感器技术获取环境信息并加以处理得到环境的语义信息，可以使计算机设备感知到当前的情境。在教育领域，情境感知是教学系统通过传感器捕捉用户、场景、设备的情况发现真实世界中学习过程的问题，同时可以对虚拟世界的学习情境进行监控，经过计算、处理为学习决策提供支持，增加对知识的理解和对学习的驾驭，情境感知能够有力支持泛在学习。

　　从认知的角度而言，人在虚拟现实场景中的认知包括心理沉浸和心流体验两个范畴。心理沉浸是人全神贯注时由一种精神状态到另外一种精神状态的发展、过渡到转换的过程，需要用户对自己感知到的环境增加情感投入，缩短与虚拟环境的感知距离。心理沉浸是用户遇到适当的挑战性难题而忘记自身存在、忘记时间的流逝，因为专注而忽略不相关的感知，达到忘我的状态。从生理沉浸到心理沉浸是一个循序渐进的过程，虚拟现实通过多通道感知为用户提供高度的生理沉浸感的环境，帮助用户产生相当程度的心理沉浸，通过良好的内容设计和虚拟环境优化增加用户的心理认知和对被展示内容的认同程度，可以进一步增加心理沉浸。

个人全身心地投入某项活动并达到极致愉悦的心理状态就是心理学所说的心流体验。产生心流的三个基本条件分别是参与者在活动中具有明确目标、从活动中可以得到及时反馈以及个人的技巧和遇到的挑战达到平衡，即遇到的挑战既不过高而导致挫败感，也不太过容易而感到无聊。在网络教育中，心流具有以下特点：通过和虚拟环境间的人机交互，促进无缝的反应序列；通过与教学系统间的及时反馈，提高自我效能，令人感到愉悦；沉浸在教学环境，伴随着自我意识的丧失；促进自我强化。心流体验应用在网络教育中可以增加教学功能，塑造学习者积极的学习态度和人格，挖掘学习者内在学习动机和学习兴趣，提高学习效率，增加学习者对学习过程的掌控感和满足感。

3. 同步混合现实技术

同步混合现实技术能够有效融合真实环境与虚拟现实环境，突破虚实"阻隔"，实现"人机物"之间更智能、更深入、更全面的融合。同步混合现实技术通过将"虚""实"对象对等匹配成为具有共同属性的"同步交互对象"在统一空间中构建"虚""实"信息关系对等的新型沉浸环境，实现两者更深层次的融合。在教育领域，同步混合现实技术可将学生所处现实环境与高逼真虚拟环境进行融合，为学生提供虚实融合的视觉体验，强化学习技能，提升学习效果，并通过同步混合现实多模态用户行为感知及理解技术根据学生意图在多种不同显示模式和行为模式之间切换，提升学习环境交互智能性，实现针对性、目的性教学。

同步混合现实技术通过在统一空间中构建"虚""实"信息关系对等的新型沉浸环境，实时监控"虚""实"两场景的变化，将变化通过系统施加于对等场景，保持"虚""实"场景中对应对象的物理状态同步，使两者结合为统一的、跨越虚实场景的"同步交互对象"。主要通过"空间同步"实现构建的虚拟场景与真实场景在环境及对象外形结构上保持一致，即用户看到的虚拟物体在真实空间中有实体对象作为其"代理"，代理方式可以是"简单代理"，也可以是"实例融合代理"；通过"时间同步"实现系统对环境变化的动态感知和执行能力，使系统中各种真实物体的外形及其他物理特征可以随时间变化，系统将实时监测这些物理量的变化并将其同步到对应的虚拟对象上，反之，虚拟物体的属性变化通过系统的执行机构对真实环境产生作用，从而动态地改变真实物体的对应属性；通过"多模态同步"实现系统对用户所处真实环境的各种变化的感知，实现虚实环境之间变化的实时同步，包括环境中多种不同模态的物理量，如温度、亮度、湿度、风速等。

在同步混合现实环境中，用户在操作"同步交互对象"时并不区分对象所在空间是虚拟的还是真实的。同时，"同步交互对象"可以保留其在真实世界中的全部功能，设计者可以通过扩展"同步交互对象"的方式不断扩充系统功能，而不用再对这些实体功能进行模拟重建，这大幅降低了复杂沉浸交互环境的构造难度，有利于高逼真虚拟教学的推广。此外，同步混合现实环境的高逼真视触觉互动体验能够支持高沉浸专注学习，提高学习者的学习兴趣。

9.2.2　创设高沉浸感学习环境

虚拟现实技术可以创造具有高沉浸感的在线学习环境，将学习内容、学习环境和学习活动整合起来，实现内容具身认知、多感知情境和多通道交互的融合。结构具体分类如下。

第一，立体动态的全息探究内容。思维的抽象符号转变为具身操作过程是学习内容的具体表现：首先是三维可视化的具体知识，用立体、逼真的形态展示目标知识点，实现知识对象的 360° 旋转和任意缩放，通过拆解和组装知识对象研究其完整细致的组成结构；其次是抽象概念内在逻辑的动态演示,科学地分解概念的组成,了解各部分概念组成的相互作用方式,开发作用对象的模型与相互作用空间表现的映射形态,生动地展现抽象概念的外在现实过程;再次,要科学探究学科原理的发生机制,通过在试错过程中发现问题、分析问题、解决问题的探索学习方式来掌握学科原理所揭示的客观世界规律,进一步了解科学原理的完整发现过程和运行机理;最后,要模拟训练容差重复操作技能,当学习者完全沉浸在技能训练的情境中时,即使出现顺序颠倒和差错操作问题也能规避风险、显示出对应结果,就算重复多次操作也能够复位如初,这在节约成本的同时提高了学习效率。

第二,虚实融合的再造仿真环境。虚拟现实环境的本质是基于虚实融合的二次操作,现阶段为了解决技术发展过程中沉浸感知处理遇到的问题,开始聚焦于混合现实、介导现实、融合现实等新模式的虚实融合。这一学习环境的具体阐释如下:一是依托虚拟构想场景表现真实知识内核,虚拟现实所表现的是客观、科学的真实知识,但其表现形式或场景是多模态的;二是基于虚拟交互反馈产生真实感官反应,在虚拟场景中,学习者具备多种虚拟交互形态,通过视觉、听觉、触觉的多种感知真实地将虚拟交互效果反馈给学习者;三是基于全景精细刻画超越真实感官极限,虚拟场景可以用全息镜像将微观到宏观表现出来,使学生产生超现实的沉浸感官体验;四是现实主导或虚拟主导的交融情境创生,现实主导就是将虚拟镜像融入现实环境中,实现真实环境的场景再造,而虚拟主导则是将现实对象融入虚拟环境中,实现更为逼真的虚拟场景再造。

第三,身心合一的交互体验活动。在虚实融合的再造环境中,学习者将身体剥离,得到重塑的第二身份,实现由现实学习者向“虚拟学习者”的转换,这种学习活动具有以下显著特征:一是多模态“真实”活动情境,活动情节仿照真实的活动过程,可以加工再造活动过程,可以根据学习者的需求,预设多种类型的活动情境以供学习者选择;二是多触发自我效能感,活动过程中可以通过多种反馈方式激发学习者的学习动机,与学习者形成良性互动;三是深度逻辑思维证伪,以演绎思维逻辑为基础,学习者可以设计多种不同的活动形式,反复参与活动,多方位地审视概念或原理的普适性。学习者可以沉浸于虚拟现实场景中，实现身心交融的学习活动，表现为学习者感受到身心合一的深度心理体验，如心流体验，其指学习者在虚拟现实沉浸活动过程中实现完全忘我、全身心投入的状态，再如移情感受，其指学习者再次认同自我虚拟化身的新身份，将情感彻底映射在学习活动的情景中，从而获得感同身受的心理体验。

9.2.3　虚拟现实多种教育应用

第一，大规模在线实训教学。在线实训教学是一种建立在虚拟学习系统上，利用网络技术、多媒体技术、仿真技术来模拟学习的新方法。与真实环境下的教室相比，虚拟教学系统具有改善学习环境、节省学校维护成本、降低安全风险、激发学生兴趣等优势。虚拟现实技术冲击了传统课堂中教师授课的教学思维，学生成为核心群体，通过给予他们更多的学习机会来培养学生的主观学习能力。飞行模拟器是在专业培训中使用的一种虚拟现实技术。仿真的飞行环境具有真实的视觉、听觉和触觉，飞行员在此环境下训练对提高其飞行技能有很大帮助。虚拟实验也是教育中应用虚拟现实技术的热点。虚拟实验通常分为模拟实验、探索性实验和实证实验三种类型。在模拟实验中，学生使用化学品，秤、码等实验仪器进行各类化学实验，近距离观察燃烧、爆炸等化学现象。探索性实验更多地用于演示物理、化学和生物等课程中的特殊事物，能够更直观地展现难以表述的现象。实证实验强调虚拟实验的表现情况，以解决现实生活中的问题，前提是实验者和被试者是分开的。

第二，虚拟认同与智能陪伴。在虚拟学习空间中，学生可以生成虚拟化身作为代理人，化身可以是动物、植物、卡通人物、历史人物甚至是自己。虚拟世界中的身份认同是通过虚拟化身的沟通与交流构建的。实时智能、高逼真的数字人化身可以帮助学生在虚拟空间中确立自己的身份认同，展现自己的人格特征，消除他人的社会偏见与现实限制。例如，可以帮助内向型学生缓解社交恐惧症的影响，帮助残疾人体验独特的运动感受等。同时，虚拟身份认同的过程也是学生对现实人格进行重塑的过程。当学生认同虚拟化身并与之形成亲密关系后会更容易模仿化身的行为,使个体人格发生相应改变。实时智能数字人可以潜移默化地引导学生的现实人格进行正向重塑。另外,实时智能数字人化身还可以变化万千,它既可以作为朋辈教育中的"知心引导者",还可以作为自我成长中的"贴心树洞者"。实时智能数字人的"养成过程"不仅是学生个体对虚拟化身的培养过程,也是虚拟化身对学生个体的陪伴教育,能够激发学生学习的兴趣与热情,突破传统教学的一些难点与瓶颈,将传统的"单向灌输"教育变成特色的"双向互动"教育。

第三,促进语言学习。虚拟现实促进语言学习是技术促进学习在语言学习系统中的应用。相较于技术促进学习,虚拟现实促进语言学习的关注点更倾向于技术如何促进人类的语言学习以及人类如何利用技术开展语言学习。一般的技术在促进语言学习方面有以下问题:缺乏机会让学习者预览所要学习的技能;学生难以灵活地获取资源;已经预设好的物理情境无法灵活改变,进而难以满足多样化的学习需求。虚拟现实技术可以根据学习者的需求创设语言环境,让学习者在创设的游戏场景中学习语言。利用虚拟现实技术可以改善学生对话和语句的学习成效。虚拟现实口语练习环境可以显著提高学生的表达水平,尤其是在平时学习工作中不善于口语练习的学生。

9.3　5G 通信技术创新网络教育

5G 时代教育信息的高效传播有利于激发直播教育活力,帮助重构学习体验,创造教育产业的新价值。速度快、稳定性好、时延低是 5G 网络课堂教学的优势,这意味着可以把大量优质的教育教学资源存储在云端。现阶段的 5G 直播互动课堂、5G 虚拟现实课堂、5G 智慧学习终端等应用都是基于 5G 构建的,体现了教育教学和网络有机融合的巨大优势和潜力。

9.3.1 5G通信技术的发展现状

5G是具有高速率、低延时、少消耗和大连接特点的新一代移动通信技术。5G通过高压缩密度调制解调、28GHz毫米微波通信、MIMO（multiple-input multiple-output，多输入多输出）相控数组天线等一系列新的技术创新将数据传输速度提升至10Gbps。5G时代的网络教育中录播将逐渐成为历史，5G技术的低时延使两地师生真正地打破空间和时间的限制，如同共处一室，时间和空间的隔阂大大压缩。5G网络技术更大的带宽给基于虚拟现实技术的网络教育带来了更加丰富的应用场景。

第一，5G通信技术的多种应用场景。在5G时代，数字化通信能力进一步大幅提升，通信带宽和时延进一步改进，能源消耗进一步降低，连接大量终端的能力得到根本的改善。更重要的是，5G移动通信技术能够基于云计算和边缘计算，通过实现万物互联整合智能感应、数据分析和深度学习，全面实现云时代的移动智能物联。在这个移动云智能物联时代，移动通信速度提高，连接覆盖增强，技术的使用门槛和使用成本进一步降低，5G应用会进入社会生活的方方面面，全面提高社会效率。

第二，5G通信技术促进云计算发展。云计算在5G时代将体现出以下三大方面的变化：从IaaS（infrastructure as a service，基础设施即服务）全面覆盖到PaaS（platform as a service，平台即服务）和SaaS（software as a service，软件即服务），云计算和边缘计算全面结合，全栈云和智能云快速发展。首先，早期的云计算主要围绕IaaS服务来设计各种服务模式，随着云计算的逐渐落地应用，行业领域对于云计算有了更多新的诉求，如需要云计算提供更强的资源整合能力，此时PaaS就成为重要的发展内容。PaaS的服务形式将成为产业互联网时代的一个主要云服务方式，更多的行业企业将借助于PaaS的相关服务来赋能创新，同时完成更多的行业资源整合。5G的推出不仅能够进一步拓展PaaS的应用范围，打破工作场景限制，更重要的是5G使SaaS获得了更强大的支撑，而对于广大的中小企业来说，SaaS是更现实的方式，所以在5G时代SaaS将会获得快速的发展。

SaaS 本身的覆盖能力也非常强，不仅可以应用于行业领域，在消费领域也有广阔的应用空间。5G 时代将进一步推动边缘计算的发展，边缘计算在 5G 时代将有更加广阔的应用场景，尤其在工业生产领域，基于 5G 技术的服务方式不仅能够提升业务处理速度，还能够保障核心数据留在本地，这样会为数据设定一个有效的边界，从而保障核心数据安全。另外，边缘计算还可以承担更多云计算的功能，这不仅会降低云计算平台的处理负担，还减轻了网络负担。从大的体系结构来看，云计算也可以看成边缘计算的一部分，所以未来边缘计算的发展空间还是非常大的。在 5G 通信的推动下，物联网将得到快速的发展。物联网的发展也必然需要云计算提供更加多元化的服务，而这种多元化的服务将驱动着全栈云和智能云的发展。全栈云概念的提出是云计算从硬件资源服务向软件服务覆盖的重要标准，此时的云计算已经能够提供更大的价值增量，这个价值增量的核心在于全面解决信息化问题。信息孤岛问题长期存在，加之研发能力参差不齐，导致无法顺利推进信息化建设，而在全栈云的推动下，这一现象将得到有效改善。智能云是云计算的发展目标之一，智能云是人工智能技术与云计算技术的结合，这种结合的重要基础是人工智能平台，通过云计算服务来为人工智能平台构建一个更大的应用场景。随着各大科技公司纷纷开放自己的人工智能平台，未来智能云将是推动人工智能技术落地应用的重要力量。

9.3.2　5G 革新网络教育学习环境

通过 5G 网络构建的教学课堂完全以学生为中心，可以有效提高学生的主动性和自主学习能力，课程内容通过 5G 网络以虚拟教学环境的形式在移动端展现，整个教学环境可以依托 5G 网络循环显示，这样学习者就可以在移动端看到按照逻辑顺序展示的学习内容。除此之外，在学习过程中还会生成二维码，如果需要在移动端或者 PC 端上重新展示虚拟教学环境以及课程内容，学习者可以随时使用相应设备扫描二维码，进入沉浸式课堂教学中，课程内容也会以课程逻辑方式展示，以供学生进行更深入的学习，同时课程内容与学习进度也会存储在移动端或者 PC 端，学生可以根据实际情况自主选择学习内容。沉浸式课堂还可布置实践任务，学生在移动端或者 PC 端进行测试来检验学习效果，系统会根据学生的作答结果得出教学效果并且获取相关数据，并将学生的学习数据上传至后台数据库，以供后续分析并提供个性化推荐。这样的教学模式充分利用了 5G 网络速度快、时延低的优势，在教学过程中搭建沉浸式课堂教学环境，全程以学生为中心，学生随时可以佩戴设备进入虚拟教学环境中。学生沉浸于课程内容的过程中，同时还需要完成虚拟教学环境中的实践任务，学生在虚拟教学环境中进行沉浸式交互体验和课程学习时的虚拟教学环境数据也会被采集。在学生完成教学内容退出环境后会自动将采集到的数据传回后台，分析结果将展示学生的学习效果，同时数据会保存在虚拟现实课堂教学后台数据库，以供后续使用。整个课堂在虚拟现实技术的支持下可以有效促进学生沉浸于课堂教学。

5G 网络下基于虚拟现实技术搭建的实验室，可以在移动端或者 PC 端实现沉浸式的效果。相较于传统的实验室，虚拟现实实验室中供师生使用的实体设备和教学资源通过游戏引擎开发，利用虚拟现实实验室中的存储库和开源代码为师生构建虚拟教学环境，学校无须再为师生提供实验的实体设备、教学资源以及实体实验室等。建立在 5G 网络和虚拟现实技术基础上的沉浸式实验室可以将课堂内容变得更加虚拟和智能，教师和学生通过 5G 网络就能登录实验室完成学习任务，让师生沉浸于课堂之中，并且可以进行智能交互。基于虚拟现实技术，传统课堂中的图片、文字、视频、语音等可以整体设计成具有沉浸感的课堂内容，让学生在课堂学习中充分调动各种感官，从多个角度进行课程内容的学习，学生可以通过虚拟现实技术体验到不同的学习场景，充分调动学习的积极性，保证教学质量。

9.3.3　5G 实现多种网络直播教育

5G 时代的直播教育兼具技术性和教育性，对直播教育现状进行充分调研后可以将其归纳为 5G 技术支持的超高清大规模互动直播、超高清慢直播、超高清三个课堂直播、合成主播直播、全景实时直播、全息互动直播等六种教育模式。

第一，5G 技术支持的超高清大规模互动直播。2019 年以来，5G 直播背包、5G 转播车相继投入商用，加速了 5G 超高清直播的发展。其中，5G 直播背包具有高带宽、低延时、高可靠直播需求的特点，可以使直播效果更加真实。5G 转播车相当于移动的电视台，可以实现超高清视频的制作，比传统直播方式的画质更加清晰，能给观众带来更强烈的临场感，已在春晚、两会投入实际使用，并取得了极佳的视听觉体验。5G 技术可以支持数千万人同时在线观看超高清直播，在应用于教育领域时可以支持大规模在线直播教育。未来，一些大型的学术会议、思政课程、教育类比赛都可以使用大规模的在线直播。

第二，5G 实现超高清慢直播教育。在求快成为人们普遍心态的时代，也有一部分人追求慢，以此来追求生活的平衡，在这种追求下，衍生出了慢电视，可以全部真实地还原事情发生的真实过程。具备节奏慢、真实性强、更高的代入感和沉浸感的慢直播可以实现事件的发生与播出同步进行，被誉为未来网络直播的主力军。基于 5G 技术的超高清慢直播可以应用在一些变化缓慢、需要长期观察的活动中，如动物行为习惯的观测以及医学的临床实习等。

第三，5G 实现超高清三个课堂直播教育。教育部在 2000 年发布了《关于加强"三个课堂"应用的指导意见》，提倡满足人民群众对专递课堂、名师课堂、名校网络课堂的需求。三个课堂的建设可以推动教育均衡发展和优质教学资源的有效共享，而 5G 技术的加入可以消除三个课堂在临场感与交互性上的不足，带给师生全新的教学体验，增强学习者在三个课堂的互动参与，提高学习效率。

第四，5G 实现合成主播直播教育。2018 年，在第五届世界互联网大会上全球第一个"人工智能合成主播"融合了人脸关键点检测、人脸特征提取、人脸重构、唇语识别、情感迁移等前沿技术，可以高度仿真人类的声纹、嘴唇动作和微表情，让人们对主播有了全新的认识。合成主播也很快在实际生活中投入使用，在 2020 年两会召开期间就使用了全球首位人工智能驱动的 3D 版 AI 合成主播，为新闻传播提供了一种新的形式，基于 5G 技术的合成直播也会给现场直播主持这一职业带来全新的挑战。但随着技术的发展，相关的教育应用范围会更加广阔，实现更加真实、清晰、直观的教育直播。

第五，5G 全景实时直播教育。5G 虚拟现实全景实时直播利用虚拟现实全景摄像头采集现场全景视频，并可以实现 360° 或者 720° 的全景观察，用户可以选择任意终端观看全景视频，观看到的视角也更加全面。未来 5G 虚拟现实全景实时直播也会应用在城乡实时共享教育资源、远程进行科学实验研究、远程进行场馆学习、外语虚拟实景学习上。5G 全景实时直播教育与增强现实技术结合可以在直播中增加增强现实的体验感，应用在远程协作任务、教师远程指导、增强现实阅读上，尤其是 5G 技术支持的增强现实阅读可以将二维的平面纸质阅读转化为三维的立体阅读。5G 全景实时直播与混合现实结合可以实现远程专家协同完成手术，促进智慧医疗的发展进程，实现远距离突破时空限制完成医疗任务。

第六，5G 技术可以实现全息互动直播。全息投影技术具备强烈的真实感与临场感，可以通过在全息舞台上投射全息人物或者场景，实现虚拟与现实的结合。与 5G 技术结合可以实现 5G 全息互动直播教育，通过三维全息投影创造多场地分身的效果，为优质教学资源的共享提供了新途径，为解决偏远地区课程资源匮乏提供新思路。目前已经有意识超前的学校开始投入使用 5G 全息互动直播，使远程的教师与现场的学生处于同一空间内，极大地增强了远程授课的效果。

9.4　本　章　小　结

本章分析了网络教育中人工智能、虚拟现实和 5G 通信技术的发展现状，总结了人工智能技术促进网络教育智能化发展与教学模式变革的方式，归纳了虚拟现实技术创设高沉浸感和多类型学习环境的方法，总结了 5G 通信技术创新网络教育学习环境的类型，梳理了 5G 通信技术实现直播教育的模式。

第 10 章　网络教育可持续发展的建议

本章针对网络教育可持续发展中存在的问题提出相应的解决建议,包括建设流畅通信教育专网、发展虚实融合智能学习空间、提升教师的信息化素养和筑牢信息安全技术防线。

10.1　建设流畅通信教育专网

互联网开展教育的硬件基础支撑非网络通信平台莫属,主要是因为它可以支持多种教学活动的开展,如在线直播、网络点播、视频会议、社会交互、源浏览下载等。当前,中国支持网络教育的通信平台主要分为两大类,一类是互联网通信平台,主要由中国教育和科研计算机网(China Education and Research Network,CERNET)、中国卫通、中国三大电信运营商(移动、联通、电信)等提供,另一类是教育云平台,由云计算、云存储等支持。影响网络通信平台信息传输质量的因素可以从三个方面进行分析:一是在物理链路层上,主要受物理带宽、速率、帧传输延时等因素的影响;二是在网络层上,主要受包传输速率、包丢失速率、包传输延迟和传输带宽等因素的影响;三是在传输层和应用层上,主要受包丢失速率、包传输延迟、传输时间、数据延迟和延时抖动等因素的影响。

目前教师和学生使用公网进行网络直播、网络点播、视频会议等时较易出现实时视频和音频信号传输不稳定的现象,同时会因逾期数据、延时抖动等出现视音频卡顿或忽快忽慢的现象,从而影响教学效果。网络教育中的数据通信还存在网络拥塞和流畅网络未全覆盖等问题。清华大学和北京大学等知名高校于 2020 年依托互联网通信平台启动了线上教学，但由于网络质量的问题，钉钉、学习通、雨课堂、课堂派、中国大学 MOOC 等众多网络教育平台都出现过崩溃现象，部分课程的直播课以失败收尾。因此，对于大型的在线教学，网络通信平台在现阶段还不足以提供有效的支持，特别是在进行大规模直播教学时，大量的教师和学生同时涌入进行直播、点播和下载资源极易出现网络堵塞的问题。第 51 次《中国互联网络发展状况统计报告》的数据显示，截至 2022 年 12 月，我国网民规模达 10.67 亿，较 2021 年 12 月增长 3549 万，互联网普及率达 75.6%，较 2021 年 12 月提升 2.6 个百分点。三家基础电信企业的移动电话用户总数达 16.83 亿户，较 2021 年 12 月净增 4062 万户。其中，5G 移动电话用户达 5.61 亿户，占移动电话用户的 33.3%，较 2021 年 12 月提高 11.7 个百分点。由此可以看出，中国的高速互联网还没有实现完全普及。对于那些尚未接入互联网的边远地区，以及部分网络不达标和互联网接入带宽不足 10M 的农村山区，仍然需要借助卫星通信平台来开展在线教学。

当下，我国的教育专用网络包括国家级核心网络——CERNET 核心网络和区域性网络——省/市级教育网络。《教育信息化十年发展规划（2011—2020 年）》一文中将创建于 1994 年的 CERNET 国家级核心网络列为教育信息网络基础设施，CERNET 由教育部负责管理，其建设和运行则由清华大学等负责。CERNET 具有包括 IPv4（internet protocol version 4，第 4 版互联网协议）和 IPv6（internet protocol version 6，第 6 版互联网协议）在内的足够地址空间，拥有统一管理的全球域名 EDU.CN 和独立的国际联网出口权。CERNET 可以实现国内公众互联网的免费互通，为全国 2000 多所高校提供网络服务。区域性网络通过不同的建设管理模式，包括采用自建自管或购买服务等，上联接入教育专网 CERNET 核心网络或直接接入公众互联网，为辖区内大、中、小学在不同程度上提供联网服务。无论是在全球或是全国范围内，由于教育信息化内涵和外延的不断拓展，智慧校园建设成为发展智慧教育的前提，而互联网则是支撑智慧校园的基础设施。教育专用网络是教育信息化的重要基础设施，需要先行配置。

　　要想走出当前基础教育的困境，必须满足建设教育专网的现实需要。虽然教育信息化建设取得了不少成果，但我国尚存在较大区域差异，仍有不少中小学互联网服务质量堪忧。截至 2021 年 12 月全国中小学（含教学点）互联网接入率达到 100%，比 2012 年提高了 75 个百分点，即便上网率达到 100%，但教育专用网络的覆盖范围仍然不够，体现为大部分中小学依旧是直接接入三大运营商的大众网络。从实际效果看，跨地域的、持续的双向视频课堂等教育教学应用的网络服务质量是跨多个运营商的网络无法保证的。由此可见，必须加快建设教育专用网络，为跨地域（市内、省内、跨省）的高带宽、低延迟教育教学应用提供端到端的质量监控与保障措施，同时需要扩大教育专用网络覆盖范围，以确保中小学（含教学点）"互联网+教育"高速稳定地开展。

　　基于 5G 切片技术和边缘计算技术的教育专网能够满足教育单位业务、连接、计算、安全等需求，支持可管理、可控制、可感知的云服务，可提供高可靠性、低成本、高并发的智能服务，是未来学校的新型信息技术基础设施。基于 5G 技术的教育专网可服务教育单位的内部业务，同时支持不同教育单位间的互联互通。5G 教育专网是运营商基于公网为教育单位部署的与 5G 公网逻辑隔离的网络。基于 5G 的教育专网有两种实现方式：一种是学校内部部署的物理隔离的专用网络；另一种是使用 5G 网络切片技术构建的逻辑隔离的专用网络。

　　采用第一种方式构建专用网络的教育单位间仍相互独立，每所教育单位都需要部署全套的 5G 网络设备并承担教育单位网络运维工作，教育单位之间无法实现集中管理的数据共享；第二种专用网络构建方式依赖于运营商，网络部署工作与网络运维工作由专业的运营商及专业运维公司承担。由于第二种网络本质上是所有教育单位共享同一个物理网络，避免了第一种网络构建方式可能导致的教育单位之间相互隔离的问题，可有效支持数据共享，支撑教育管理部门依赖教育单位客观、全面的数据科学决策。

　　通过 5G 教育专网可构建教育中心云、区域云和边缘云的多层级教育云环境。中心云主要提供全局性的能力服务，如人工智能数据分析、高速互联等；区域云主要实现区域教育整体管理与资源共享，如区域性智能教育管理与公共服务等；边缘云主要负责教育单位内部特色应用以及需要实时控制的应用等，如智能教育装备管理等。将多级教育单位融合在同一教育专网中可满足国家级、区域级、校园级的数据存储、分析和高速网络使用需求，使各层级服务能在专网实现层级融合与多级协同，用户获取更加便捷透明，避免应用的碎片化与信息孤岛现象。5G 教育专网通过覆盖各级教育单位和学校汇聚各类应用中的教育基础数据、用户行为数据，实现数据的交换、治理和共享，为管理和教学提供科学、可靠的数据支撑，通过教育大数据打造教育生态圈，共同推进教育信息化的发展。

教育专网以云网融合的移动边缘平台（mobile edge platform，MEP）为基础，借助 5G 切片技术和边缘计算技术将内部网络和外部网络融合，满足内部网络灵活部署、教育数据安全可控、校园网络高速稳定以及互通互联的需求。移动边缘平台部署在教育单位内部，是一体化的 5G 集成平台，教育单位可根据自身业务灵活分配网络资源，既实现本地卸流，加快本地运算速度，又实现内部数据不外泄，公共教育数据也可以多级教育单位共享，保证教育单位能独立管控内部网络，也使各教育单位之间保持互通。移动边缘平台提供系统级的基础数据管理与接入，可打通信息孤岛，实现统一门户、统一认证、统一服务、统一数据管理，通过标准化的软件接口动态接入外部应用与能力服务，构建自我优化的教育云平台生态体系。移动边缘平台还支持校园内部多终端的数据采集和全方位多维度的数据分析，为师生提供个性化服务。

5G 教育专网可进一步设计出多校区连接的专网架构。与传统数字校园利用云计算进行集中式数据处理不同，多校区的教育专网以边云协同的形式服务于智慧校园，主要包括中心云、边缘云。中心云将数据的计算和存储功能下沉到"边缘"后，主要负责管理多个边缘云以及为边缘云提供充足的虚拟化资源和各类共性能力服务，并进行网络调度、算力分发使网络资源利用率最优化。由于中心云由大量的虚拟服务器组成，可提供持久化存储以及为需要大计算量的应用提供资源，如教育数据、人工智能、数据分析等。中心云通过教育云网融合管理平台实现云网协同的连接和管理，利用核心网专网网关实现学校内部网络与运营商公网的通信，提供安全的连接，保障通信的私密性。边缘云承载着大量的计算、数据存储功能以及智能终端的管理任务，可实现业务本地化、近距离部署，使网络具有低时延、高带宽的传输能力。由于边缘云靠近用户侧，通过感知用户使用网络的情景信息（如网络负荷、位置等），可有效提升用户的用网体验，提高服务质量。网络汇聚节点可实现本地化的互通互联，可有效降低网络时延、提高网络带宽，实现用户隐私数据本地化传输与存储，保障用户数据的安全性。边云融合解决了传统云计算平台负载过大网络拥塞问题，实现"云—边—端"一体化的应用分发，使网络环境更稳定可靠。

这种边云融合的网络服务形态，保证了学校网络的相对独立性，也为校区间、学校间、不同层级教育行政部门间的应用互联与共享提供了可能。以中心云—边缘云组成的核心控制系统和服务系统为学校的业务开展提供了专业可靠的服务，可以开辟以 SaaS 为主要形态的服务市场，将重塑教育信息化软件市场，由资源与平台建设转向服务建设。

我国亟须通过建设教育专网来满足未来大规模网络教育的需求并提升教育系统本身的抗风险能力。为从根本上保障网络教育的网络环境具备安全、高速、稳定、可控的特点，需依托教育专用网络，从基础设施和资源管理这两个层面为各个学校提供专门的网络通信基础设施和集体配套完善的资源准入机制，以实现数字资源的高效协同、开放共享。教育专用网络不仅拥有自主管理的自治网络系统，还拥有统一管理的公共 IP（internet protocol，网络协议）地址和统一管理的全球域名。基于教育专网的这三个基本属性，当前教育机构，尤其是中小学面临着网速不够快、网络环境不够稳定、安全、绿色等方面的难题，可通过在技术层面上改善互联互通、可控管理、资源优化等提供破解方案，主要包括以下几点。

第一，破解偏远地区用网难题，加速缩小数字鸿沟。虽然教育信息化建设取得突破性进展，但教育数字鸿沟依旧存在于区域、城乡、校际间。教育专用网络需从互联互通、可控管理，合理利用带宽资源等方面改善，确保分布在每个中小学、教学点的网络安全畅通，以实现所有学校互联网全覆盖，有效解决分布在偏远地区的学校、教学点的用网难题，促进数字鸿沟的缩小。

第二，为深入实现教育公平，需在教育专网的基础上建立优质教育资源准入与共享机制，并坚持《教育信息化 2.0 行动计划》要求的"融合创新"原则。未来，可通过统一身份认证服务平台实现各级教育资源服务平台教育专网的全覆盖，有独立管辖权的教育部门则可提供端到端的质量监测和保障措施，以确保优质教学资源能够精准协同地推送到乡村和其他落后地区。教育部门可以从顶层设计入手，实现对优质教育资源的统筹规划、协同调配、最大范围共享，从而达到推动城乡义务教育的协调发展，促进教育公平的目的。

第三，通过建设教育专用网络提供有效净化的网络环境，切实保障中小学生身心健康成长。针对教育应用、在线资源乱象等问题，国家互联网信息办公室、教育部等部门发文对在线教育资源提供者提出了更加详细的规定。为了提供开放的学习空间给基础教育，同时在保障未成年人能够在平等、充分、合理地利用互联网的基础上，远离网络违法行为、不良信息的侵害与不适宜这一阶段所接触的信息，通过对教育专用网络（包括 IP地址、域名、网关）的统一规范管控，并利用先进的技术提供更高要求的安全防护措施和真实源地址认证等，达到与公众互联网的相对隔离和优质资源输送的目的，提供一个健康文明、安全有序的网络学习环境。

10.2　发展虚实融合智能学习空间

学习空间不仅是学习发生的重要外部条件，也是学习发生的基本场所，更是学习发生的支撑平台及中介物。基于学习空间的形态，可以将学习空间划分为实体学习空间、虚拟学习空间和自然学习空间。教室、学校和教育机构是实体学习空间的典型代表，这种学习空间是最典型、最常见、历史最悠久的物理学习空间。借助网络通信技术、虚拟现实技术构建的学习空间称为虚拟学习空间，可以解决由时空分离带来的师生之间教与学行为异步的问题。作为虚拟学习空间的典型代表，网络学习空间人人通不仅实现了以学习者为中心的智能管理模式的创新，更将传统的以教师为中心的学习模式转变成以学习者为中心的学习模式。基于自然和社会形成的学习空间叫自然学习空间，山野、工坊、都市及社区等都可以是自然学习空间。各类学习空间的优势互补有助于学习的发生，提高学习效果，但学习空间的跨越和融合始终无法通过课堂教学实现，因此，研究者一直在探寻如何推进学习空间优势的互补。从教学模式层面来看，虽然翻转课堂期望在翻转教学过程及活动中改善学习效率低下的问题，但在课堂上学习者很难与自然学习空间进行交互，导致课前与课中的学习活动无法连续统一。从技术支持教与学层面来看，借助网络通信和虚拟现实技术创建的虚拟学习空间实现了实体学习空间和自然学习空间的部分整合，但是，虚拟学习空间在学习内容上的过度抽象、在空间构成上的过度简单以及在学习活动上的过度失真问题使得学习者对自然学习空间的实时探究难以实现。简单来说，翻转课堂中对教学事件的顺序优化以及传统信息技术对各类学习空间的连接都难以有效满足学习者在不同学习空间的实时学习需求。

智能教育的发展深受人工智能技术进展的影响，与智能技术的进化历程同频共振。由于现阶段弱人工智能技术发展水平还有很大的提升空间，当前智能教育学科领域比较单一，这也成为限制智能教育在个性化学习服务常态化、规模化普及的一大原因。因此需密切关注人工智能领域的最新技术进展，将其发展成果应用到相应的教育教学过程中，持续提升人工智能服务于教育的适用性与安全性。需要突破的关键问题如下。

首先，算法黑箱学习分析解释困难。教育界的范围很广，目前揭示教育现象与教育行为之间因果关系的智能算法普遍存在黑箱问题，其解决方案以深度神经网络为主。虽然精确、高效的机器学习模型被建立在多个教育过程或教学任务上，但是因为难以理解或不能解释清楚机器的工作原理，不能对受教育者的错误原因进行溯源分析、归纳总结等，从而损失了更具教育价值的服务。目前，智能教育领域已大面积运用深度神经网络技术，人工智能服务于教育的现象已普遍存在。就现阶段来说，人工智能教育应用需要深入探究的问题是在不同的教育场景或应用特点下，如何取舍或平衡算法性能与可解释性。

其次，人机协作与混合智能不足。人工智能技术的不断发展进步促进了人与计算机信息交换的革命，使人与机器之间的交互更加充分和流畅。但在教育方面，人与人之间的交流互动是其强调的重点，无论是教师与学生之间还是学生与学生之间，只要是人与人之间的互动，不论是情感交流或言语沟通都可以有无限的教育能量。人与人工智能都各有其特点，人工智能具有超强的信息搜集、计算、信息优化等能力，而人在感知、逻辑推理、信息决策等复杂的认知活动方面更擅长。人工智能领域长期以来的重要研究方向是怎样将人与人工智能的优势相结合，从而实现强大的智能服务。因此，直接利用人工智能领域新的人机交互技术对于智能教育非常重要，并且开展教师与人工智能及学生交互这一教育领域特有的人机协作与混合智能技术则更重要。

数字孪生技术具有实时性、可操作性、可扩展性和保真性等优势，基于这一技术创建的虚实融合的学习空间在以一致性和等同性为前提的情况下有望实现上述三种学习空间的相互连接和融通，为学习方式的转变提供重要的技术支撑。2010 年，美国国家航空航天局的技术报告中首次提出数字孪生的概念，将其描述为一个多物理量、多尺度、多概率的系统或仿真过程，通过充分利用物理模型、传感器和数据信息在虚拟空间中完成映射，从而反映相对应的实体对象的全生命周期内的真实状态。数字孪生是在特定的数据闭环中创建与物理实体相对应的并会随着物理实体的变化而更新和改变的动态高仿真数字模型。

数字孪生虚实融合智能学习空间是利用数字孪生技术、人工智能技术以及其他信息技术所构建的，具有高保真性、实时交互性、虚实融合性以及可扩展性的智慧学习空间，能够为学习者具身探究自然与社会并促进自身高阶思维发展提供支持。数字孪生虚实融合智能学习空间不仅具有学习空间的一般属性，能够为学习发生提供场域、空间和中介支撑，还能通过数字孪生技术使学习者获得与自然学习空间几乎一致的学习体验。学习者通过数字孪生虚实融合智能学习空间可以实现与物理实体间的实时交互，并能够根据需求扩展相应的数字孪生功能模块以支撑假设验证和观察反思等学习活动。

高保真学习体验的跨时空特性、跨区域协作学习的分布式特性、数据驱动学习的虚实融合特性和真实学习体验的面向设计特性是数字孪生虚实融合智能学习空间中学习活动的四个主要特性。其中，高保真学习体验的跨时空特性指学习者能够在数字孪生虚实融合智能学习空间对物理实体进行观察，在学习活动过程中与物理实体进行交互并将在这种虚实融合智能学习空间中掌握的技能和获得的经验移植到真实世界中。由于学习者能够在数字孪生虚实融合智能学习空间感受到同真实世界一致的学习体验，因此为了能够实现学习者在课堂中展开不同类型的学习活动，可以按照教学要求将不同时空的学习场景融合。物联网、高速通信和云计算技术为数字孪生虚实融合智能学习空间提供了基础，学习者在这一基础上能够实现跨区域的协作学习，而协作学习能够使学习者高效率地解决各项学习问题进而完成学习任务。不同于传统的协作学习，数字孪生虚实融合智能学习空间下的协作学习具有分布式特性，既能够借助高速信息通信联结教师与学生，还能够使师生在同真实学习场景一致的学习环境中开展协同学习、协作实验和自然探索等学习活动。数据驱动功能的虚实融合能够使数字孪生虚实融合智能学习空间下一些难以理解的问题、机制和现象都得到形象化表征，学习者在这种特性下能够完善自身的认知结构并进行个性化发展。学习主体与外界环境的交互过程也是学习主体认知结构的形成过程，学习的发生就在这一过程中。数字孪生虚实融合智能学习空间下的数据驱动学习由于具有可预测性、真实性、可重复检验性和及时性等特性，学习者既能够利用这些特性对学习问题进行深入探究，还能够在探究过程中对数据进行采集，并在采集后反思调整，升级问题解决方案，进而完善自身认知结构并提升其学习能力。面向设计的真实学习体验既能够使学习者更快进入学习状态，又能够培养学习者的高阶思维。因此，真实学习体验的面向设计特性也是数字孪生虚实融合智能学习空间的本质特性。虚实孪生体能够在虚实融合智能学习空间进行全生命周期的双向数据流动，进而达到学习内容在数字孪生体与物理实体间的实时关联效果。基于以上特性，能够看出不同于传统学习活动过程中的以协作讨论、符号互动和学习内容为核心，数字孪生虚实融合智能学习空间的学习活动能够使学习者获得可验证、可体验、可观察、可操作及可发展的学习资源和学习环境进而开展学习活动。

促进数字孪生虚实融合智能学习空间的发展可以从以下几个方面进行。

第一，加快共性关键技术突破。从技术角度，当前人工智能领域正在经历从感知智能到认知智能的技术转型期，"数据驱动+知识引导"的智能技术研究模式正在成为主要发展趋势，人机交互增强人工智能的时代正在来临。智能教育将突破浅层次感知技术的局限，进一步实现对学习场景、学习目的或学习状态的深层次理解，从以行为分析为主的单层次分析发展到情感、认知、社交、生理等多层次、多形态的学习分析。并且，认知计算方法通过知识图谱的增强能够使机器有更强的逻辑推理能力和决策能力，能够在老师与机器及学生交互、共同协作等更复杂的认知活动中提供更有策略性的学习支架与教学辅助。从教育角度，传统智能教育发展的主要形式是利用不断发展的智能技术提高学习资源的质量，改善学习环境的体验，扩大受教育的群体。未来的智能教育将取得更具突破性的技术发展，但也可能会危及人工智能的发展。

第二，促进多学科交叉。一直以来，人工智能在心理学、计算机科学和脑科学等多学科交叉融合中不断取得进步，作为一个典型的学科交叉领域，智能教育的研究与发展面临着心理学、脑科学、教育学、社会学、经济学、系统科学等诸多学科更为困难的挑战。未来，在智能教育方法、理论和应用等多个层面，需综合运用各种研究方法，努力研究多学科交叉融合的新方法、新模式、新目标，探索智能教育研究的新目标、新途径、新领域，集合并培养一批具有交叉融合思想的多功能型人才团队，提高综合研究能力，促使智能教育研究中规律性、体制性的理论突破，发展面向未来教育的新方法、新技术和新运用，为教育改革发展中的资源创新、环境重建、评价改革、流程再创、优化治理等一系列问题提供新的研究方法和技术解决方案。

第三，加强多主体协同。教育是一个繁杂的体系工程，国内外教育研究的重要特征是多方共同努力攻坚，需要"政府机构+生产企业+科研院所"等利益相关方共同协作努力。未来，智能教育的发展目标是建构一个整体生态,以探索教育体系利益相关方共同协作开展多主体协同的新方法与新目标,全面支持智能教育研究创新、学科发展、人才培养、应用推广和产业升级。依据政府、学校、企业、科研院所等共同参加、密切合作的"UGBS"①运行模式,充分发挥政府作为领导者与践行者的带头示范作用,在各个方面进行体制机制的创新,如资金的投入、领导组织、教育法律法规推广、教育成绩评价、标准的制定等。通过多方共同协作,构建包含基础理论攻关、关键技术突破、产品研发和应用能力形成的整体布局,实现各种产业链的有机结合,提升智能教育科研质量和应用服务的整体效能。

第四,开发虚实融合空间及资源。数字孪生体、物理实体及其空间结构等是构成虚实融合空间及资源的主要元素,也是构成数字孪生虚实融合智能学习空间的重要基础。其中,数字孪生体也叫数字孪生空间,它针对的是开发与物理空间高度一致的虚拟学习场域。物理实体也叫物理空间,是由实验室、工厂、自然界等学习场域及这些场域中的实体组成的。数字孪生空间与物理空间构成了虚拟共生的学习场域,二者提供的虚拟对象和物理世界建立链接,能够使学习者获得高沉浸感的学习体验。

第五,研发信息传输系统和智慧大脑系统。信息传输系统能够在分布式多物理空间的场景下及时响应各个虚实空间的状态变化,同时协同集成各个物理空间的数据。因此,信息传输系统起着两个作用,分别是承担虚实孪生体间数据传输任务和利用物联网技术获取物理实体状态数据的作用。智慧大脑系统不但能够实现对虚实孪生体状态数据的分析和执行,还能够反馈学习者对物理实体的操控,甚至反馈学习者对数字孪生体的操控,并对整个虚实融合智能学习空间的全生命周期进行数据的分析、保存和状态预测,因此可以说智慧大脑系统是数字孪生虚实融合智能学习空间的指令中心。智慧大脑系统能够为学习活动中的人机交互行为、问题解决方案设计与验证、未来状态预测和虚实孪生体操控等提供一定的智慧支持,主要由大数据系统、学习分析系统和人工智能系统等部分组成。

第六,构建教与学支持系统。教与学支持系统主要由学习行为评价系

---

① U 指大学或研究机构；G 指政府；B 指企业；S 指学院、专业。

统、数字孪生师生和数字孪生教室等部分组成，是数字孪生虚实融合智能学习空间教学属性的根本体现。学习行为评价系统能够为呈现学习绩效、实时分析学习活动和预测学习行为等提供支持。学习者和教师需要进行一定的交流互动，这种交流互动是以个性化虚拟形态的方式进行的。数字孪生教室能够为学习者和教师所需的个性化虚拟形态提供基础，为学习者和教师提供高保真的教学场所，进而实现跨区域的协同学习。

10.3　提升教师的信息化素养

开展网络教育不仅需要教师进行在线教学，也需要学生进行在线学习，这对教师和学生的信息技术能力和掌握水平提出新的要求。教师的信息素养参差不齐对学生在线学习具有较大的影响，2020 年新冠疫情期间，有学者对湖北省的"停课不停学"情况进行了调查，发现有 31.03% 的教师在信息化平台和工具的使用上存在困难，有 28.82% 的教师认为信息化平台和工具的使用较为复杂。未来的在线教学将会是教师和智能系统"协同"的教育，只有当教师具备较高的信息化能力和水平时教师和智能系统才能很好地"协同"。目前，要实现这样的在线教学对很多教师来说都还是一个很大的挑战。

第一，师生情感交流受阻，人文关怀缺位。在基于现代信息技术的网络教育中，互联网技术的介入将简单的教师与学生的关系、学生与学生的关系转变成教师与互联网和互联网与学生的关系，互联网成为教师与学生之间、学生与学生之间沟通交流的媒介，它替代了教师与学生、学生与学生之间面对面的交流，导致网络教育的参与者不在场，出现了师生之间的情感交流受阻、人文关怀缺位、师生情感淡化等现象，长此以往，在线教育将难以满足学生成长过程中的心理需求和情感需要，进而阻碍学生的成长。

第二，学习生活环境缺失。虽然网络教育通过技术介入强化了知识的传递，但其缺失了课堂教学的氛围，割裂了课堂教学与人们情感化的联系，让学习远离了真实的校园生活，这不仅弱化了学生的生命成长，还对培养符合未来社会需要的高素质人才提出了巨大挑战。未来的网络教育将进入智慧教育时代，人机协同是重要的教学方式和学习方式，在网络教育过程中，知识学习与日常生活相分离，弱化了人与人之间的人文关怀和情感交流。

第三，信息化水平区域差距依然存在。当前我国东、中、西部地区的基础教育信息化应用存在明显差距，其中西部地区明显弱于中部地区，而中部地区又明显弱于东部地区，由此可见，基础教育信息化应用发展水平在区域之间存在差异，还没有实现整体均衡发展的目标。发达地区的网络教育开展较早，在根据信息技术发展不断应用新的技术和产品的同时也会主动探索新的教学方式和教学模式，不断优化其教育理念，提升教师的信息化教学水平和能力。但是中西部欠发达地区受经济社会发展的限制，网络教育发展较晚，难以紧跟信息技术的发展不断更新应用的技术和产品，也无法探索新的教育方式和教学模式，这都将导致欠发达地区的教师在教育理念、信息化教学能力和水平方面与发达地区的教师之间依然存在差距。

网络教育作为信息技术赋能教育所产生的一种新型教育方式推动了传统教育的系统性深层次变革，产生了新的教育理念、教育模式和教学方法，使网络教育具有了新的特点。为了实现教育现代化，推进新时代教育信息化发展，建议网络教育结合时代特点和教育特征，采用新的教学思路和教学模式。面向新时代的网络教育，需要全面提升各个地区教师和学生的信息化素养，采取各种措施消弭教育鸿沟，实现优质均衡的网络教育，推动网络教育高质量发展。在网络教育过程中需要积极落实立德树人的根本任务，达到教育最根本的要求，帮助网络教育健康发展。

一要鼓励教师基于网络教育开展混合式学习。充分利用互联网、人工智能等现代信息技术，开展在线教育和面授教育相结合的混合式教育，既能够为学生提供个性化的学习体验，也能够实现学习者在真实情景中的现场学习，促进学习者的协作探究和意义建构，实现个性化知识习得与创造性知识的自我建构和生产，从而实现真实有效的学习。长时间的线上学习容易使学生产生倦怠感，而伴随开展的线下学习活动能够引导学生之间进行协作探究，帮助学生主动参与，不仅可以解决学生的学习问题，还可以促进学生情感交流、培养学生社会性。混合式学习充分发挥了线上学习和线下课堂学习的优势，学生学习的中心地位得以增强，学习空间得以拓展，学习内容得以丰富，互动方式得到强化，学生的学习兴趣和积极性得以激发，情感交流和人文关怀得到了保障，能够帮助培养创新型人才，促进网络教育的健康发展。

二要培养教师基于网络教育开展个性化教学的能力。对欠发达地区教师加强信息素养培训，提升教师信息技术能力和水平，转变教育教学观念，使教师充分认识到网络教育带来的变革与发展。开展教师培训时要充分利用信息化手段，通过开展网络研修和网络培训提升培训效果和培训效率。在教师的职前教育中，要系统全面培养教师的信息技术应用能力，为信息化教学打好基础；在教师的职后培训中，要从实际出发，基于真实的教师信息化教学水平，制定针对性的培训目标及内容，有层次地开展信息技术应用能力的培训，从而提升和发展各个层次教师的能力水平。为了提升教师的信息素养，需要让教师掌握信息技术与学科教学深度融合的方法，培养教师基于互联网技术开展个性化教学的能力，提高教师在信息化环境中的教学设计能力、基于数据的教学评价能力、指导学生在线学习的能力以及借助互联网的教学创新能力等，不仅要优化教师在线教学的能力和水平，更要提高其在线教学的质量。

三要利用网络教育开展关爱教育。加强对留守儿童的关心关爱，吸引爱心企业和社会机构为他们提供信息化学习终端和上网流量，提供网络学习的必要条件。动员学校和社会力量对留守儿童从生活上关心、学习上关注，加强对留守儿童的情感、态度、价值观教育，提升孩子的审美情趣，正确认识在线学习和网络游戏，处理好信息技术环境下的学习和娱乐的关系，不断提升信息技术技能，保持正确的信息意识和信息态度，理性看待网络游戏，积极引导儿童把信息化学习终端看作重要的学习工具，而不仅仅是娱乐的工具，帮助儿童不断提升信息素养，提高在线学习效果。在线教育的薄弱环节和短板在于欠发达地区的数字教育鸿沟拉低了在线教育质量，阻碍了教育均衡发展，需要通过完善信息化环境建设、注重教师培训、关心关爱留守儿童并提升其信息素养来消弭数字教育鸿沟,提高在线教育质量,促进教育均衡,实现教育高质量发展。

四要强化网络教育立德树人的全面教育。我国教育的根本目标是培养德智体美劳全面发展的社会主义建设者和接班人。要实现这一目标需要充分利用网络教育,拓宽育人空间,转换育人方式,坚持育人为本,落实立德树人根本任务。基于网络教育平台开设学生空间来展示学生成长历程,利用班级空间开展各种主题实践活动,围绕学校空间宣传学校特色文化、共享育人资源。网络空间强化了学校、家庭和社会之间的沟通和交流,在物理空间之外提供了一个新的育人空间。在开展网络教育过程中利用互联网技术展开德育教育工作,丰富育人资源。基于互联网技术建设各式各样的德育教育资源,用微课的形式将爱国主义、革命传统、心理健康、道德法制等主题的教育内容进行呈现,为学生的在线学习提供丰富的学习内容。另外,需要将德育教育与学科教学相结合,在开发的学科教育资源中渗透德育教育思想,通过网络教育强化对学生的影响力和感染力,提高道德教育的渗透性,潜移默化中塑造学生积极健康的价值观念,使网络教育真正成为丰富德育教育的方式和手段。网络教育不仅仅可用于提高教学效果和教学效率,要充分利用互联网技术,积极创设新的育人时空,开发丰富的育人资源,转换形式多样的育人方式,全面净化网络空间,创设积极健康的育人环境,通过线上教育和线下活动的结合,使网络教育落实立德树人的根本任务。

10.4　筑牢信息安全技术防线

作为国民教育体系重要组成部分的网络教育,信息安全是其持续、健康发展的重要基础,一旦发生严重的信息安全事故,必将对国家教育信息化建设造成严重影响。随着网络教育在教育系统中地位的不断提升,其信息安全问题已成为各国政府、企业、学校和家庭共同面对的时代命题。2021年美国高等教育信息化协会发布了《2021 地平线报告(信息安全版)》,

提出了六大主要趋势、六大技术与实践、未来四大场景以及七大经典案例，从国际化视野强调高等教育信息安全的重要性。在实施大规模网络教学时，除课程内容外，不同的网络教学平台和工具还会收集、记录和存储学生和老师的个人信息，由此产生了数据和隐私泄露的巨大风险。首先是大规模数据泄露。2020 年，成千上万的大学生信息被多家企业冒用以达到偷税目的；同年，美国加利福尼亚大学旧金山分校遭到 NetWalker 勒索软件攻击，大量重要学术数据被加密导致无法使用，最终被迫支付 114 万美元赎金；2021 年，珠海的 10 万多条中小学生个人信息被某公司的员工非法出售给教育培训中心用于商业课程推广。在各个国家的不同教育阶段，类似的教育数据和隐私泄露事件不断发生。其次是垃圾邮件和广告泛滥。截止到 2020 年，教育行业受到的攻击有 50%来自垃圾邮件和广告软件，这一比例比其他任何行业都要高，表明与钓鱼攻击有关的威胁是教育行业的主要威胁。再次是公共信任危机的产生。尽管由于教育行业稳定性和公益性的特点，其数据的泄露并不会像金融、医药等行业那样造成大量客户流失，从而造成直接经济损失，但是教育行业数据泄露成本的下降一定程度上会削弱企业和学校对网络教育信息安全的重视程度，有可能进一步引发公众对网络教育信息安全的信任危机。最后是智能技术带来信息泄漏。在教学中以人工智能、大数据为代表的新兴技术的使用带来了很多便利，但是同时也带来了信息安全问题，如隐私泄露、伦理危机等，由此给技术赋能教育蒙上了阴影。网络教学中的信息和隐私对学生的成长十分重要，隐私泄露一方面会损害人的尊严，另一方面也容易使受害人遭受网络暴力、名誉威胁等。

在后疫情时代，如何保障网络教育的信息安全、营造清朗的网络空间是网络教育发展的一个重要课题。建议在网络教育信息安全保障体系中引入区块链等新技术，并结合相应的辅助措施，加强网络教育中的信息安全。

第一，加强信息安全防护。在教育信息系统中，教育行政部门、技术管理者、教师、学习者等各方面应充分发挥主体的合力作用来加强网络教育的安全防护。教育行政部门制定了信息安全战略，采用适合教育数据格式和需要的通用框架，规定了框架的具体指标，以便有效地检测、应对和预防信息安全威胁，切实维护教育数据安全和教育信息系统的正常运行。技术管理者发挥自身的技术优势检测并阻止其他人对网络平台上相关教育数据的记录进行获取和访问，保护师生用户的数据和隐私。教师既要防止自己的教学成果和资源被他人以不正当的渠道利用，又要强化对学生教育资料的保护意识，避免有意无意地泄露甚至滥用学生教育资料。提高学生的信息安全意识和对数据安全的敏感度，注重网络平台上的个人信息保护和学习过程中产生的大量学习资料的保护。总而言之，各方为构建网络教育数据安全共同体而共同努力，共促后疫情时代网络教育高质量发展。

第二，保护隐私安全。为了保护教师和学生数据隐私权应注意以下几点：首先，教育机构担负着师生数据隐私管理和保护的主要责任，需要明确学生隐私数据采集、处理和使用的规范，对不同类型用户开放不同的数据访问权。有关部门也可以在线发布保护学生网络隐私的服务指南和培训视频，指导更多的教育管理者保护学生的数据隐私。其次，需要提高学生对数据隐私的熟悉程度，如告诉教师和学生收集了哪些数据，以及这些数据是如何存储、使用和保护的，学生可以根据需要审查和更新自己的数据，从而提高教师和学生个人数据的管理透明度；教师和学生可以选择退出机构的数据收集和使用部分。再次，教育机构在选择网络教育服务提供商时，应规避潜在教师和学生资料滥用者，在与校外组织分享学生个人资料时，应采取多种措施，如限制访问权等，以更好地保护学生的资料隐私。最后，使用隐私管理工具来提高隐私管理效率，如根据隐私管理工具审查机构的相关条例，追踪危害个人敏感资料的事件，跟踪个人资料的收集、使用情况，以及记录使用者对隐私政策的认识。

第三，实施多重保护。考虑到网络教育发展过程中个人终端成为信息安全漏洞的可能性较大，因此应采取多种方式保护个人终端，避免其成为安全漏洞。首先需要增强终端操作系统的信息安全防护能力。由于大部分高校师生在家中办公和学习，主要考虑的就是确保师生安全连接、获取和下载机构资源（例如服务器、网络、应用程序），从而保障工作效率。然而，这不能以牺牲终端设备的数据安全为代价。因此应加强高校师生个人终端设备，特别是操作系统的安全防护能力，确保涉及资源调用或用户信息的操作始终由操作系统控制。其次是提前对终端设备设置安全监控应用。很多应用程序需要相应权限才能够访问电话簿、通话历史、照相机、文件和文件夹以及日志，通过使用预设的安全监测应用程序可以实现对应用的安装检测及向教师和学生发送检测报告；遵循最小化应用程序的权限原则，合理限制应用程序的权限，避免应用程序调用与高校师生当前学习和工作场景无关的数据。最后是需要实施严格的终端使用安全策略。大学师生在使用终端办公和学习前要注意审核和清点不合格终端设备，采取严格措施确保终端密码具有足够的保护强度，并帮助师生选择多因素身份验证，确保终端设备不会成为高等院校教育数据的泄露口。

第四，运用区块链技术。采用分布式存储方式的区块链技术具有去中心化的特点，使任何人都可以准确地验证有关个人或机构的声明，储存在区块链中的共享数据或信息具有不可伪造、全程留痕、可追溯、公开透明、集体维护等特点。随着网络教育的发展，应用区块链技术可以保证数据的真实性和完整性。优质的网络教育需要安全、全面、可靠的教学记录，而区块链技术在保护数据信息不被篡改、实现数据永久存储方面具有天然优势。执行过程中可以利用区块链技术全面记录大学生的学习成绩、综合测评、获得奖励证书等情况，形成完整且不能更改、删除的学生教育记录，为大学毕业生升学或就业提供有效的教育经历证明；基于区块链技术可以降低网络教育数据共享的安全风险，方便不同地区、不同部门之间安全、稳定地共享教育数据；基于区块链技术的时间戳功能可实现数据的可追溯性，从而在数据泄露的情况下进行精准追责；基于区块链技术的教育数据管理系统，可以对全校学生的数据进行记录、选取、分析和管理，记录访问和使用次数，最大程度保护学生隐私。另外，终端用户也会受到数据漏洞利用者的诱骗，这也是影响数据真实性和完整性的重要因素。因此，应采用支持数据真实性和完整性的技术和方法，如文件授权、存取和版本控制、编码本和字典、终端探测、证书和设备维护。此外，还需对高校用户，特别是对接触敏感数据的高校工作人员进行全面、定期的培训。

10.5　本　章　小　结

　　本章总结了网络教育中的数据通信存在的问题,从技术层面给出了教育专网破解教育问题的方案,梳理了发展基于数字孪生虚实融合智能学习空间促进教育公平的方式,整理了提升教师信息化素养方法,归纳了建立信息安全技术防线的举措。

第三篇

陆空协同多模态智能机器人系统发展战略研究

项昌乐 黄 强 孟 非

陆空协同多模态智能机器人系统在军事和社会领域具有广泛应用前景，是引领战争形态变革的战略性技术，是促进全球科技、社会、经济发展的新动能。

陆空协同多模态智能机器人系统实现核心技术突破后，将全面带动相关产业链发展：在智能机器人核心部件方面，形成自主可控的产业链，形成百亿级的市场规模。在军事应用方面，形成智能机器人装备体系，成为智能化战争的颠覆性武器。在社会应用方面，全方位融入智慧社会，应用于智慧医疗、教育、家居、交通、制造等领域，服务国计民生。

北京理工大学依托中国工程院咨询研究项目开展相关发展战略研究，已分别于 2019 年 12 月 28 日、2020 年 9 月 7 日、2020 年 10 月 12 日、2021 年 4 月 9 日举办多次研讨会，邀请专家 130 余人次，并赴北京、上海、沈阳、武汉、深圳等地调研机器人及智能系统相关的核心技术、系统装备、产业、应用等高校、研究所、企业、应用领域单位 30 余家，围绕我国陆空协同多模态智能机器人系统战略问题进行深入探讨。本篇主要内容包括内涵与必要性、国内外现状对比分析、我国发展存在的问题、目标与布局，以及政策建议。

第 11 章　内涵与必要性

党的二十大报告提出"推动制造业高端化、智能化、绿色化发展","推动战略性新兴产业融合集群发展，构建新一代信息技术、人工智能、高端装备、绿色环保等一批新的增长引擎","增加新域新质作战力量比重，加快无人智能作战力量发展"[①]。习近平总书记在 2014 年两院院士大会上指出，机器人是"制造业皇冠顶端的明珠"，其研发、制造、应用是衡量一个国家科技创新和高端制造业水平的重要标志[②]。

在国家政策的大力支持下，目前我国机器人及智能系统技术正得到飞速发展，工业机器人、服务机器人、特种机器人的研究和产业已经非常成熟，但是这些机器人及智能系统都难以适应人类居住的陆空立体环境，难以满足多任务需求。

11.1　内　　涵

陆空协同多模态智能机器人系统是能够适应陆空环境，具有多模态特征，具有高级智能，能够协同完成复杂任务的机器人及智能系统。陆空环

---

① 《习近平：高举中国特色社会主义伟大旗帜 为全面建设社会主义现代化国家而团结奋斗——在中国共产党第二十次全国代表大会上的报告》，https://www.gov.cn/xinwen/2022-10/25/content_5721685.htm[2023-09-17]。

② 《习近平在中科院第十七次院士大会、工程院第十二次院士大会上的讲话》，http://www.gov.cn/govweb/xinwen/2014-06/09/content_2697437.htm[2023-05-25]。

境指以城市为代表的 500 m 以下空间，包括道路、建筑物、非结构地形、低空等；多模态特征指轮式、腿足、爬行、飞行等运动模式，包括单机器人运动模式可变，以及多机器人组合变形等；高级智能指自主智能、多体协同智能、人机交互智能等；复杂任务包括军事、灾害救援、立体交通等。陆空协同多模态智能机器人系统概念图，如图 11.1 所示。

图 11.1　陆空协同多模态智能机器人系统概念图

11.2　必　要　性

陆空协同多模态智能机器人系统在军事和社会领域具有广泛应用前景，是引领战争形态变革的战略性技术，是促进全球科技、社会、经济发展的新动能。

陆空协同多模态智能机器人系统将成为第四次工业革命的技术突破口，将引起人类社会的革命性变革。以蒸汽机为代表的第一次工业革命开创了蒸汽时代，以电力大规模应用为代表的第二次工业革命开创了电力时代，以计算机技术为代表的第三次工业革命开创了信息时代，而目前以机器人和人工智能为代表的第四次工业革命将引领人类进入智能时代。陆空协同多模态智能机器人系统能够完成一些通常需要人类智能才能完成的复杂工作，随着其技术不断发展与成熟，必将带来人类社会的革命性变革。

第四次工业革命是由物联网、大数据、机器人及人工智能等技术驱动的社会生产方式变革。这场技术革命的核心是网络化、信息化与智能化的深度融合，智能机器人是关键的载体。它推动了工厂之间、工厂与消费者之间的"智能连接",使生产方式从大规模制造向大规模定制转变,工业增值领域从制造环节向服务环节拓展,程序化劳动被智能化设备所替代。世界主要工业国家及中国已经开始了新一轮的产业结构转型升级,使制造过程、终端产品、生产设备、数据分析平台、价值链等方面的全球竞争格局发生变化。同时,新的产业结构会影响到劳动就业,一些国家已出现了劳动市场两极化或职业结构分化现象。中国应该以关键技术的创新与应用为突破口,加快相关领域的转型升级,适应第四次工业革命的要求,推动社会经济向前发展。

　　智能机器人技术代表着一个长期的变革性转变,影响着企业运营的方式,以及人们的生活方式。这一结构性转变,从根本上改变了全球生产的方式,可能会长期产生重大影响。根据世界经济论坛,机器人、自动化和人工智能的大规模采用可以代表继蒸汽机、电力和计算机技术之后的第四次工业革命。

　　陆空协同多模态智能机器人系统是引领战争形态变革的战略性技术,将成为智能化战争的颠覆性要素,引发未来战争制胜机理的重大变化。战争历史发展的规律证明技术决定战术,武器发展将引起战术模式变革。陆空协同多模态智能机器人系统是一种具有多任务、拟人化作业能力的新型智能武器,在城市巷战等国防应用中能够辅助或代替士兵完成巡逻侦查、设备操作、武装防卫、应急处置等多任务、拟人化作业,颠覆现有无人系统单一任务模式,实现从执行单一功能任务向多任务转变,成为军事领域颠覆性因素。

　　同时智能机器人作为最具颠覆性和变革性的技术,正不断渗透进社会生产生活的各个方面,给国家政治、经济、文化等方面带来极为深远的影响,持续引发全球政界、产业界和学术界的高度关注。目前,智能机器人已上升到国家层面的激烈博弈,越来越多的国家争相制定发展战略与规划,主要国家进入了全面推进智能机器人发展的全新战略时代。

　　我国在核心部件与单元方向与国外存在代差,是智能机器人的部件"卡脖子"问题。陆空协同多模态智能机器人系统的发展可以从感知、融合、决策等理论技术,执行、计算等关键零部件,仿生、多域、重构、协同等平台系统和多场景的应用来解决智能机器人的装备"卡脖子"问题，打破国外机器人领域对我国的限制和封锁。

陆空协同多模态智能机器人系统是智慧社会的基石，将带来开启智慧社会、激发人工智能的"头雁效应"。未来的智慧社会必将是信息网络泛在化、基础设施智能化、产业发展数字化、社会治理精细化、普惠服务便捷化的状态。在智慧社会，人类将能够利用智能机器人技术构建全新的社会系统，各行各业通过智能机器人的应用可能产生巨大的业态变化，越来越多的职业岗位将被智能机器人替代，人类将迎来人机共生、人机共融的时代。在这种发展动力驱动下，多模态智能机器人科学技术必将产生未来科技引领的"头雁效应"。

如今，机器人不仅应用于制造业，更是渗透到医疗、养老、居家服务等多个领域。无人驾驶技术的普及将为家用智能机器人提供廉价的大脑、眼睛、耳朵和嘴巴。智能医疗数据库的成熟使家用机器人成为最好也是最廉价的家庭医生。智能工厂的发展使智能机器人的手脚、关节的自由度获得极大提升，使家用机器人逐渐成为运动健将。智能厨房的发展将使家用智能机器人成为最好的厨师。智能教育系统将使家庭机器人成为最好的家庭教师和百科全书式的专家型人才。无线充电技术将使智能机器人摆脱沉重的电池组，随时随地电力十足。生物技术的发展将为智能机器人提供超仿真的皮肤和器官。云计算处理系统使智能机器人的进步会以群体开放式创新的方式进行。

第 12 章 国内外现状对比分析

近年来，机器人及智能系统受到各国高度关注，争相出台相关政策，重点支持相关技术与产业发展。目前陆地、空中机器人及智能系统理论与装备都较为成熟，能够同时适应陆空环境的机器人及智能系统在军事和社会领域具有广泛应用前景，是未来的必然发展方向，受到世界各国越来越多的重视。我国的地面、空中机器人及智能系统与美国存在较大差距，但是陆空协同多模态智能机器人系统各国都还处于起步阶段，具有超越可能。目前陆空协同多模态智能机器人理论与关键技术还没有形成体系，因此我国需要提前布局，抢占制高点。

12.1 科技竞争的战略焦点

机器人及智能系统是全球科技竞争的战略焦点，各发达国家竞相制定机器人发展重大战略。机器人及智能系统受到各国高度关注，争相出台相关政策，重点支持相关技术与产业发展。美国 2017 年推出了"国家机器人计划 2.0"，同年美国陆军还发布了《美国陆军机器人与自主系统战略》，目标是建立美国在下一代机器人技术及应用方面的领先地位。俄罗斯发布了《俄罗斯 2030 年前国家人工智能发展战略》，目标是机器人居于世界领先地位，以提高人民生活质量，确保国家安全；2014 年欧盟创立世界上最大的民间资助机器人创新计划 SPARC，到 2020 年共投入 28 亿欧元，目标是使机器人充分进入人类生活；2015 年，日本政府发布《机器人新战略》，成立"机器人革命倡议协议会"，要继续保持自身"机器人大国"的优势地位。

我国将智能制造与机器人项目纳入面向 2030 年的新一轮国家重大专项，并推出了《"十四五"机器人产业发展规划》，指出我国机器人产业面临"自立自强、换代跨越的战略机遇期，必须抢抓机遇，直面挑战，加快解决技术积累不足、产业基础薄弱、高端供给缺乏等问题，推动机器人产业迈向中高端"。

12.2　应用前景广泛

能够同时适应陆空环境的机器人及智能系统在军事和社会领域具有广泛应用前景，受到越来越多的重视。陆用机器人与空中机器人都在互相扩展，美国大力支持的飞行汽车是一种多功能运兵汽车，目的是进行兵力投送，执行人道主义援助、自然灾害救助等任务。研发飞行汽车也是为了压制中俄等战略对手。美国知道，如果不拿出一些优势武器，势必会失去军事地位，自身的霸权地位也会岌岌可危。因此，飞行汽车对于美国而言是必须要装备的产品。

国际上机器人及智能系统相关的飞行器、无人车等都较为成熟，相关学科体系也较为成熟，并形成了完备产业链，但是陆空协同多模态智能机器人系统相关理论技术属于新兴学科和交叉学科，其内容覆盖机械工程、控制科学与工程、计算机科学与技术、兵器科学与技术、材料科学与工程、信息与通信工程、光学工程、化学工程与技术等学科，同时依赖于新兴学科交叉融合创新。目前陆空协同多模态智能机器人理论与关键技术还没有形成体系，因此我国需要提前布局，占领制高点。

一般的自主机器人系统技术包括智能感知技术、自主任务规划技术与决策技术等，陆空协同多模态智能机器人系统除上述基本技术外，还对协同技术、通信技术、平台技术等有更高要求。

自主性是所有智能机器人的追求目标。智能机器人作为一种自主系统，开始朝任务自适应性方向发展，最终发展成为协同任务自适应的自主系统。智能机器人的自主性和鲁棒水平是以其在复杂环境下处理难度不断增加的任务的能力来衡量的。以目前典型军用无人机作战系统为例，其自主控制等级的发展趋势如图 12.1 所示。

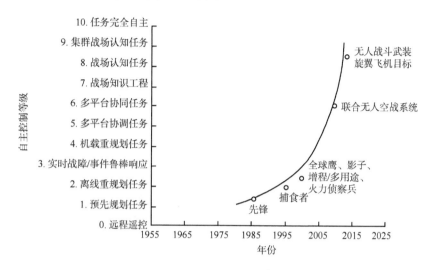

图 12.1　无人机自主控制等级的发展趋势

要突破自主技术，提高智能机器人的智能化水平，必须解决包括环境感知与态势评估技术、自主行为决策技术、机载任务规划/重规划技术等关键技术问题。任务自主性和系统复杂性的关系如图 12.2 所示。

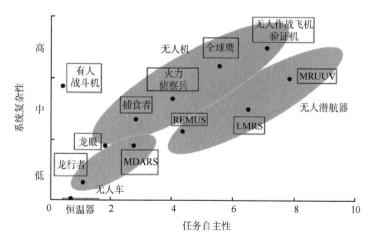

图 12.2　任务自主性和系统复杂性的关系

MDARS（mobile detection assessment and response system，移动探测评估和响应系统）；LMRS（long term mine reconnaissance system，远期水雷侦察系统）；MRUUV（mission reconstituted unmanned underwater vehicle，任务重组式无人潜航器）

　　协同技术是多智能机器人平台或者无人系统与有人机器人系统共同执行任务的必要要求。多平台协同机器人可以应用于作业的整个过程，即协同搜索、协同跟踪、协同定位评估等各个环节。如何实现多无人系统整体效能的提升，多平台协同技术至关重要。要突破协同技术，提高多无人系统以及有人无人系统的协同能力，必须解决包括多机协同控制技术、协同操作系统技术、无人系统综合技术等在内的关键技术问题。

　　通信技术是无人系统和支持平台之间，以及和其他无人系统之间命令和数据传输的关键。发展多体制、多链路、高带宽、抗干扰的信息传输技术，多平台之间的组网互联和实时信息分发技术，从而实现通信方式由专用信道向实时共享信道的转变，提升网络化通信能力，为多平台协同作战提供信息传输保证，使无人系统远程跨区作业成为可能。目前的无人系统主要有视距通信系统和超视距卫星通信系统两种方式。很多无人作战系统采用商用货架产品数据链设备，以降低设备费用和缩短开发周期。但对于军事应用，使用商业无线电频率（radio frequency，RF）将有可能是被禁止的。无人作战系统网络化通信系统的远景如图 12.3 所示。

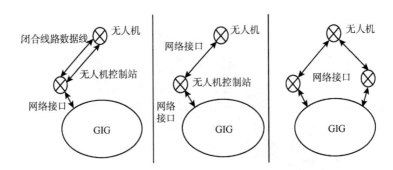

图 12.3　无人作战系统的网络化通信系统的远景
GIG（global information grid，全球信息网格）

　　无人平台是无人系统完成各种作业任务的前提，需要解决平台的运动控制和高机动高速等问题。先进的平台技术能加快研制进程、降低费用、提高可靠性，增强生存力。要突破平台技术，必须解决平台总体技术、高精度导航与控制技术、自主施放/回收技术、高性能动力系统技术、新材料技术等多个关键技术。

12.3　构建自主发展系统

　　陆空协同多模态智能机器人系统是美国限制的核心技术之一，必须构建自主体系系统发展。2018 年 11 月，美国商务部宣布禁止对中国出口人工智能、机器人等 14 种代表性新兴技术。2020 年 1 月，针对机器人与系统的地图、软件、高精度光学感知器件再次禁止出口有关技术。2020 年 6 月，美国限制中国香港获得机器人、人工智能等高科技技术及产品。高端机器人核心部件被日本、美国、欧洲公司垄断，并且高端型号对中国禁售。国内机器人所研制的伺服电机、减速器、伺服控制器、传感器等关键部件的性能指标远低于国际领先水平，主要元器件依赖进口，并且最先进部件对我国禁售。同时国外研制的先进机器人多采用定制部件，根据系统性能提出部件指标需求，进行定制开发。我国机器人研究多是工业部件拼装模式，平台性能受限于部件性能，核心部件与国外存在代差，是智能机器人的部件"卡脖子"问题。因此我国亟须构建从部件到系统的自主体系，解决"卡脖子"问题。

　　陆空协同多模态智能机器人系统的发展可以从感知、融合、决策等理论技术；执行、计算等关键零部件；仿生、多域、重构、协同等平台系统和多场景的应用来解决智能机器人的"卡脖子"问题，打破国外对我国高端机器人的限制和封锁。

　　以火星探测器为例，过往的探测行动表明，火星的地形十分复杂，行驶漫游车太艰难，同时因火星与地球间的相对位置的不同，信号需要 8~42 min 才能实现往返，地面遥控操作探测车往往因延迟而使探测车陷入困境，甚至无法及时调整任务目标。单纯依靠火星探测地面车辆系统的火星地表探测任务出现问题时，需要空中无人系统为地表探测任务提供信息支援，从而适应复杂地外行星环境，满足行星探测动态目标任务要求，确保探测任务系统的安全，提高生存能力，更高效地完成任务。火星探测陆空协同无人系统的任务结构示意图，如图 12.4 所示。

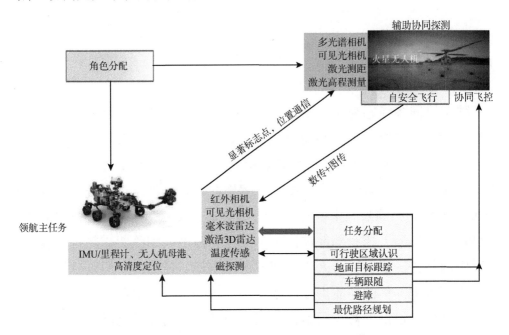

图 12.4　火星探测陆空协同无人系统的任务结构示意图

IMU（inertial measurement unit，惯性测量单元）

行星表面深度探测中最具科学价值的信息通常来源于复杂/极端地形探测，相较于在轨飞行的探测器，小型化地面探测车成为人类执行星表探测任务时备受关注的手段，目前为探测月球、火星、小行星而研发的小型星表无人探测系统已经有很多代表性应用。目前为止成功登陆火星的无人地面探测系统有旅居者号、勇气号、机遇号、好奇号等。索杰纳号探测车是探路者任务使用的地面火星车，采用地面站遥控方式，地火之间的通信时延使地面人员不能实时控制旅居者号，其有限的自主体现在自主地形穿越、突发事件处理和资源管理。勇气号和机遇号的控制方式是短距离内自主导航和地面遥操作任务执行，两者的自主性实现了数小时内的无人监测、复杂地形的运动控制等。好奇号的工作模式是长距离自主导航和任务遥操作，具有强大的实时软件维护能力，并在行驶过程中执行高效路径规划决策，以及在采样过程中对机构实现自主精准控制。随着多源异构传感器、车载计算机、大容量长效动力电池和自主导航控制算法的飞速发展，火星地面探测车的自主能力越来越强，可以独立自主完成复杂的科学探测任务，所需人工干预越来越少，正在向自主智能型火星车发展。尽管如此，勇气号、机遇号及好奇号都曾经出现过探测信息不够、控制不及时导致的深陷火星坑、损坏科学仪器和车辆行走系统等问题，无法执行更多更深层的探测任务。

2020 年夏天，美国国家航空航天局再次向火星投放毅力号探测车，同时附加安装在探测车上还有一架无人机"机智号"（Ingenuity），用于协同地面车辆提前规划制定行进路线，以及寻找需要探索的区域。火星大气稀薄、环境低压，对无人火星飞行系统的设计和应用提出了巨大的挑战，虽然无人地面系统无法解决视野局限性、满足地形地貌大范围高精度测量等高价值行星探索需求的问题，但相关研究仍然备受科学与工程研制者的关注。火星旋翼无人直升机技术是非常令人期待的技术之一，火星旋翼无人直升机将完成低重力、低气压和稀薄大气内的火星飞行任务。火星旋翼无人直升机的质量不到 1.8 kg，在火星上，由于重力的不同，它的质量约为 680 g。火星旋翼无人直升机的结构组成示意图，如图 12.5 所示。机身和垒球差不多，它的双桨叶将穿过稀薄的火星大气层，以近 3000 r/min 的速度旋转，速度大约是陆地车的 10 倍。为了应对夜间达到-90℃的刚性火星温度，火星旋翼无人直升机还配备了可通过太阳能电池板充电的锂离子电池和加热系统。这架小型旋翼直升机安装在毅力号火星探测车的腹部，其设计目的是验证此种行星探测无人飞行系统是否可以在地球以外的地方使用，类似的设备可能在未来用于探索土卫六等地外行星，这将是第一架在其他星球上飞行的飞行器，在着陆后以毅力号为载机母舰进行固定。在通过探测车协助寻找到合适的区域后，才会开始执行试飞任务，直升机将在30天内完成最多5次飞行测试,升空后将为毅力号提供更多可探测区域、可行驶区域以及地形地貌等相关数据，可供无人地面探测车执行安全路径规划和更高精度的导航与控制使用。

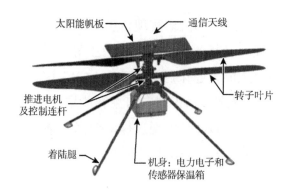

图 12.5　火星旋翼无人直升机的结构组成示意图

12.4　国内外发展存在差距

我国的地面及空中机器人与美国存在较大差距，但是陆空协同多模态智能机器人系统还处于同一水平，具有超越可能。美国机器人及智能系统技术处于领先地位，系统与装备已进入实用化。美国陆军先后将部分先进地面机器人系统运用于阿富汗和叙利亚等战场中，其在侦察引导、地面巡逻和运输保障等作战行动中作用突出，有效提升了美军的决策效率，提升了美军的作战能力。2020 年 1 月美国使用死神无人机发射导弹炸死伊朗苏莱曼尼将军，引发国际社会激烈反应。

我国的地面及空中机器人目前与美国仍然存在较大差距。美国在无人作战平台的研究方面走在世界前列，其军用无人作战系统发展迅速，且实用价值也在不断增强，并已逐渐开始系列化。

"蜘蛛"无人地面战车是于 2001 年开发出的原型车，单次续航可达 14 d 或 450 km 距离；可攀越 1~2 m 的障碍，最大可工作斜坡 35°；有效载荷部分大于满载总体质量的 25%。"蜘蛛"无人地面战车独特的车体结构可提供大容量载荷仓，并能根据有效载荷的位置上下调整载荷仓位置，能够换装四种武器（图 12.6）。

图 12.6　"蜘蛛"无人地面战车

黑骑士无人战车具备自动驾驶能力,其感知和控制模块包括高灵敏度的摄像机、激光雷达、热成像仪和 GPS(global positioning system, 全球定位系统)。战车总重 95 t, 全长 5 m, 宽 2.44 m, 高 2 m, 配备一门 25 mm 的机关炮和 1 挺 7.62 mm 的机枪。黑骑士无人战车可以手动操作和无人自主操作,能够自动规划航路,灵活地规避障碍物,昼夜都能够使用;其主要任务是实施前方侦察、收集情报、对危险地域进行勘察,也可以伴随步兵作战,提供火力支援(图 12.7)。

图 12.7　黑骑士无人战车

空中无人平台方面主要以各类无人机为主。"海神"无人机由美国 Scaled Composites 公司研制, 1998 年进行了首次飞行, 能够在 19 800 m

的高度飞行超过 18 个小时（图 12.8）。

图 12.8　　"海神"无人机

"海神"无人机采用了圆柱形截面机身，下垂机头，机身前后分别安装有上反、下反的前翼和后翼。在机翼的平直端头装有两个没有支撑的尾梁，每个尾梁终端都有垂尾和方向舵。后翼外侧的机翼，内翼段上反，外翼段下反，机身中段和下面吊挂的天线整流罩可以根据情况进行互换。

美国诺斯罗普·格鲁门公司后来买下这架飞机，用来研究新的无人机技术。在 2006 年 12 月的测试中，这架飞机达到 190 km/h 的飞行速度和 6700 m 的巡航高度。

X-47B 是人类历史上第一架无须人工干预、完全由电脑操纵的"无尾翼、喷气式无人驾驶飞机"，也是第一架能够从航空母舰上起飞并自行回落的隐形无人轰炸机。由美国诺斯罗普·格鲁门公司开发，项目开始于美国国防部高级研究计划局的 J-UCAS 计划，现为美国海军旨在发展舰载无人飞机的 UCAS-D 计划的一部分。X-47B 无人机于 2011 年首飞，并在 2013 年成功完成了一系列的地面及舰载测试。2013 年 5 月 14 日，X-47B 在"乔治·布什号"航空母舰（CVN-77）上成功进行起飞测试，并于一小时后降落马里兰州帕塔克森特河海军航空站（图 12.9）。

图 12.9　X-47B 无人机

在陆空协同多模态智能机器人系统方面美国折叠翼式 Transition 两栖平台被誉为"世界上第一款真正意义上的飞行汽车"，其由美国 Terrafugia 公司设计制造，是一种相当成熟的固定翼式飞行器与汽车结合的工业产品。我国在这一领域的研究近几年也取得了丰硕成果。中国南方航空动力机械集团公司和中国人民解放军陆军装甲兵学院联合研制了涵道式陆空样机，进行了一定的实验。

我国在地面无人作战系统的研发方面与发达国家相比有一定差距。但我国政府一直非常重视军用机器人技术的研究与开发，面对这种新型武器带来的全方位冲击，拟定了陆海空无人作战平台发展方向，针对陆地无人作战平台，以中国兵器工业集团有限公司为代表的各科研单位在陆地无人作战平台方面也开始崭露头角。

"OFRO"微型坦克长 1.12 m，宽 0.7 m，高 0.4 m，重 54 kg，最大载重 40 kg。全车采用电池供电方式，在满电方式下可连续工作 12 小时，速度可以达到 7.2 km/h，工作温度在-20～60℃。车上安装有超声测距传感器、红外传感器、DGPS（differential global positioning system，差分全球定位系统）接收器、GSM（global system for mobile communications，全球移动通信系统）/GPRS（general packet radio service，通用分组无线业务）/UMTS（universal mobile telecommunications service，通用移动通信业务）通信模块等设备，既能自主巡逻，也可以遥控操纵。"OFRO"微型坦克拥有多项功能，只要安装不同的任务设备即可。这款机器人能够探测出目前所有的军事、工业用有毒气体，并在数秒内给出确切的分析结果（图 12.10）。

图 12.10　　"OFRO" 微型坦克外观

北京理工大学近年来研究了基于纵列双涵道的水陆空多域机动载运车辆，集成了水面高速行驶、陆地高机动性行驶和空中多自由度可控机动行驶的三大主要功能，可以实现在各种气候条件以及复杂地形、交通状况下的综合高效机动运送能力。陆空协同多模态智能机器人系统国内外研究都刚刚起步，处于同一水平，我国具有超越可能。

第 13 章　我国陆空协同多模态智能机器人系统发展存在的问题

我国目前对机器人及智能系统发展极为重视，出台了多项国家重大政策开展支持。但是陆空协同多模态智能机器人系统发展仍然存在以下问题。

13.1　加强陆空协同多模态智能机器人系统发展规划与支持

我国目前机器人及智能系统发展规划主要支持的是工业机器人、服务机器人、特种机器人等类型的机器人研究，这些机器人只能面向单一运动场景或任务，不具有广泛适用性。陆空协同多模态智能机器人系统在未来军事和民用领域具有广泛应用前景，是未来科技强军、智慧社会的重要组成部分，美国等制定了多项战略开展研究，尤其是面向城市巷战等军事运用制定了详细规划，并开展了多项研究，我国亟须构筑在这一领域的先发优势，实现战略引领。

机器人的研发、制造、应用已成为衡量一个国家科技创新和高端制造水平的重要标志。随着智能控制、导航定位、多传感信息耦合等新技术快速发展，机器人产品智能化趋势愈加明显，具有感知、识别、决策、执行等功能的智能机器人已成为产业竞争角力的新战场。机器人既是先进制造业的关键支撑装备，也是改善人类生活方式的重要切入点。无论是在制造环境下应用的工业机器人，还是在非制造环境下应用的服务机器人，其研发及产业化应用是衡量一个国家科技创新、高端制造发展水平的重要标志。大力发展机器人产业，对于打造中国制造新优势，推动工业转型升级，加快制造强国建设，改善人民生活水平具有重要意义。

为贯彻落实好《中国制造 2025》将机器人作为重点发展领域的总体部署，推进我国机器人产业快速健康可持续发展，国家出台了一系列的产业发展规划和政策以推动机器人领域的技术进步和产业升级。事实上，为促进我国机器人产业健康发展，国务院、工业和信息化部等部委陆续出台一系列后续产业发展促进措施。

早在 2006 年 2 月，国务院发布《国家中长期科学和技术发展规划纲要（2006—2020 年）》，首次将智能机器人列入先进制造技术中的前沿技术。但由于技术和市场需求的限制，我国机器人发展较为缓慢。

2015 年 5 月，国务院正式印发《中国制造 2025》，从国家战略层面描绘建设制造强国的宏伟蓝图，确立了发展制造强国战略的战略目标，提出了通过三步走实现制造强国的战略目标，并明确了九项战略任务和十大重点领域。机器人方面，围绕汽车、机械、电子、危险品制造、国防军工、化工、轻工等工业机器人、特种机器人，以及医疗健康、家庭服务、教育娱乐等服务机器人应用需求，积极研发新产品，促进机器人标准化、模块化发展，扩大市场应用。突破机器人本体、减速器、伺服电机、控制器、传感器与驱动器等关键零部件及系统集成设计制造等技术瓶颈。

2016 年 4 月，工业和信息化部、国家发展和改革委员会、财政部联合印发《机器人产业发展规划（2016—2020 年）》明确：到 2020 年，自主品牌工业机器人年产量达到 10 万台，六轴及以上工业机器人年产量达到 5 万台以上。服务机器人年销售收入超过 300 亿元，在助老助残、医疗康复等领域实现小批量生产及应用。培育 3 家以上具有国际竞争力的龙头企业，打造 5 个以上机器人配套产业集群。

2017 年 7 月，《国务院关于印发新一代人工智能发展规划的通知》确认新一代人工智能发展三步走战略目标，人工智能上升为国家战略层面。到 2020 年人工智能总体技术和应用与世界先进水平同步，人工智能核心产业规模超过 1500 亿元，带动相关产业规模超过 1 万亿元；到 2025 年人工智能基础理论实现重大突破，部分技术与应用达到世界领先水平，人工智能核心产业规模超过 4000 亿元，带动相关产业规模超过 5 万亿元；到 2030 年人工智能理论、技术与应用总体达到世界领先水平，人工智能核心产业规模超过 1 万亿元，带动相关产业规模超过 10 万亿元。

2017 年 12 月，工业和信息化部提出了《促进新一代人工智能产业发展三年行动计划（2018—2020 年）》，从推动产业发展角度出发，结合"中国制造 2025"，对《新一代人工智能发展规划》相关任务进行了细化和落实，以信息技术与制造技术深度融合为主线，以新一代人工智能技术的产业化和集成应用为重点，推动人工智能和实体经济深度融合。

通过上述总结分析可以看出，我国目前机器人发展规划主要支持的是工业机器人、服务机器人、特种机器人等类型的机器人研究。《中国机器人产业发展报告（2022 年）》预计 2024 年全球机器人市场规模将突破 650 亿美元，2017～2022 年全球市场年均增长率达到 14%，同期我国市场年均增长率达到 22%。从产品来看，中国在三大机器人领域的发展均领先全球：在工业机器人领域，我国引领全球后疫情时代的行业复苏，核心零部件国产化进程不断加快，机器人产品优势不断增强；在服务机器人领域，面对人口老龄化、教育、公共服务等的巨大应用需求，创新产品不断落地转化；在特种机器人领域，我国在应对自然灾害和公共安全等方面有着突出的需求，相关产品的关键技术取得突破，将迎来爆发的机遇期。我国政府高度重视机器人科技和产业发展，几乎所有省区市均在战略性新兴产业发展规划、科技创新规划、新兴产业发展规划、高端装备发展规划等"科技类"规划和工业转型升级规划、工业和信息化发展规划、制造业振兴升级专项行动方案等"工业类"规划中提及"机器人"。

上述发展规划中涉及的工业机器人、服务机器人、特种机器人等只能面向单一运动场景或任务，不具有广泛适用性。经过多年的发展，我国在陆空协同多模态智能机器人研究方面有了重要进展，但是与国际领先水平还存在较大差距。陆空协同多模态智能机器人及系统是全球科技竞争的战略焦点，各发达国家竞相制定机器人发展重大战略，我国亟须构筑在这一领域的先发优势，实现引领式发展。但是我国关于陆空协同多模态智能机器人系统发展规划与支持政策较少。

13.2　陆空协同多模态智能机器人核心部件成为"卡脖子"问题

核心部件是制约机器人及智能系统性能的根本，目前我国高端机器人系统驱动感知核心部件方面与国际领先水平存在的差距较大，高端部件被日本、美国、欧洲公司垄断，并且高端型号对中国禁售。国内机器人所研制的伺服电机、减速器、伺服控制器、传感器等关键元件的性能指标远低于国际领先水平，主要元器件依赖进口。同时陆空协同多模态智能机器人核心部件没有形成类似于汽车、飞机等成熟的产业链体系，工业部件性能与机器人系统需求不相符。

技术积累不足，而且是结构设计、原材料采购、加工生产工艺、加工能力、装配技术和产品升级迭代等全方位的缺失，这些短板是我国制造业的通病。

在高端减速器领域，设计、材料、热处理、加工工艺、齿轮、轴承、密封、装配、零件及成品检测等每一个环节都需要高端技术的支持，缺一不可。

机器人减速机市场高度垄断，国产减速机无法实现全面替代进口。减速机可以用来精确控制机器人动作，传输更大的力矩，主要分为两种：安装在机座、大臂、肩膀等重负载位置的 RV 减速机和安装在小臂、腕部或手部等轻负载位置的谐波减速机。RV 减速机被日本纳博特斯克垄断，谐波减速机方面日本哈默纳科占绝对优势。减速机的核心难点在于基础工业和工艺，减速机设计、材料、热处理、加工工艺、齿轮、轴承、密封、装配、零件及成品检测等每一个环节都需要高端技术的支持，缺一不可。我国在这几个方面长期落后，并非单靠某个企业所能解决。要将 200 多个零部件组合在一起，精度要求苛刻，零部件之间的公差匹配需要多年经验积累。

控制器国内外差距小。控制器是机器人的大脑,发布和传递动作指令,包括硬件和软件两部分:硬件就是控制板卡,包括一些主控单元信号处理部分等电路,国产品牌已经掌握;软件部分主要是控制算法、二次开发等,国产品牌在稳定性、响应速度、易用性等方面还有差距。控制器的问题在于,由于其"神经中枢"的地位和门槛相对较低,成熟机器人厂商一般自行开发控制器,以保证稳定性和维护技术体系。因此控制器的市场份额基本跟机器人本体一致。国际上也有 KEBA、倍福、贝加莱这样提供控制器底层平台的厂商。因此在当前环境下国内专业研发控制器的企业会比较艰难。

国产伺服电机大多是仿制日系伺服电机设计,功率多在 3 kW 以内,以中小功率为多,而 5.5~15 kW 的中大功率伺服电机则比较少。国产伺服电机在以下方面仍需改进。

一是外形普遍较长,外观粗糙,很难应用在一些高档机器人上面,尤其是轻载 6 kg 左右的桌面型机器人,由于机器人手臂的安装空间非常狭小,对伺服电机的长度有严格要求。

二是信号接插件的可靠性需要改进,而且需要朝小型化、高密度化以及与伺服电机本体集成的方向设计,方便安装、调试、更换。

三是高精度的编码器,尤其机器人上用的多圈绝对值编码器,严重依赖进口,是制约我国高档机器人发展的瓶颈。编码器的小型化也是伺服电机小型化绕不过去的核心技术。

四是缺失基础性研究,包括绝对值编码器技术、高端电机的产业化制造技术、生产工艺的突破、性能指标的实用性验证和考核标准的制定。

五是伺服系统各部分产业协同联合不够,导致伺服电机和驱动系统整体性能难以做好。

国产伺服电机和减速器在研发过程中也面临成本太高的问题,要做成一个有质量、有市场的产品,需要多方面的因素共同促成。除开技术难度的问题,成本也是制约核心部件发展的一大瓶颈。在市场被国外高度垄断的情况下,投入巨额的研发成本对于企业来说是一件"费力不讨好"的事情。

以减速器为例,作为高精密工业零件,谐波减速器的性能与生产设备关系重大，生产高精度、低误差的减速器的加工设备很多也是从日本进口的，基本都是百万元级的设备，还要花大量时间去调参数。产品研发是一个不断试错的过程，在投入大量人力物力后如果产品市场反响不好，企业很难承受这样的风险。

ABB 等外企凭借着高性价比的机器人占据市场，使得本土机器人制造企业只能凭价格优势分得一杯羹，而决定机器人本体价格的关键因素是核心零部件的价格，国产电机厂在保持低价格竞争优势的同时研制更高性能的产品会变得更加困难。这或许是整个制造业的困局，要利用制造的成本优势实现高性价比的产品已几乎无可能。

从产品集成的角度而言，机器人是一个大而全的产业链，确实没有必要什么东西都自己做，现在已经不是"大而全"的时代了，但是在目前紧张的国际形势下，以美国为首的西方国家处处紧逼，我国机器人工业起步晚，目前行业内多为系统集成供应商。由于质量、成本等问题，系统集成供应商缺乏使用国产部件的动力，行业生态无法良性循环发展，下游核心零部件厂商利润单薄难以持续投入大量研发成本。

13.3　缺乏从理论研究到装备与应用的全链条

机器人及智能系统理论技术研究与装备应用需求连接不够紧密，需要面向国家战略，提出应用需要目标，攻克相关技术。高校、研究院所的研究与装备研制单位、系统应用单位缺少沟通，相关技术取得突破后，在装备上取得应用的周期过长，平台功能设计没有与应用需求有机结合。因此应该采取从基础研究、关键技术、系统集成、装备研制、成果转化到产业化的"全链条"发展模式。瞄准前沿学术创新，学科交叉融合，产出原创性成果；瞄准产业发展，做好产品布局，形成可持续发展能力。

目前，国内高校科技成果转化大致有三种模式，分别是自办企业模式、合作转化模式和技术转移模式。

自办企业模式是依托高校自身的科技、人才和设备等条件入股创办科技企业并自主孵化科技成果的一种模式。这种模式往往合作规模较小、涉及的技术简单，导致具有较强前瞻性的高校科技成果无法转移转化而闲置。加之这种模式下，没有遵循市场规律，大多照搬高校的管理模式，与现代企业管理方法脱节，造成市场竞争力不足，科技成果应用难以实现。

合作转化模式是高校将技术直接转让给企业，或者企业将适合的高校科技成果产业化的一种模式，相比于自办企业模式，合作转化模式对高校和企业的规模条件没有严格的要求，因而这种模式应用得较为广泛。但由于没有发挥市场在研发方向、成果选择、技术路线等方面的导向作用，高校科技成果的小试大部分在实验室环境下进行，与产品中试、量产等面对的实际应用环境的差距还较大，风险资金难以投入到中试和量产等耗资较大的中间环节，科技成果难以达到有效产业化。在这种模式下，产学研三者的利益脱节，没有构成闭合回路，无法形成良性循环的长效机制，高校科技成果转化为现实生产力的能力有限。

技术转移模式是通过技术转移机构，实现高校科学技术孵化产业化的一种模式，有大学科技园、校企联合研发中心和国家工程中心等多种形式。在这种模式下，技术转移机构多为事业单位或国企，它们为需要技术转移的团队提供办公场地、配套设施和一系列的相关服务，依托当地的区位和政策优势，以及高校的科技和人才优势，推动高校科技成果的转化。但由于这种模式目前发展并不成熟、产权关系更为复杂，加之信息沟通不顺畅、体制机制缺乏创新，没有发挥市场的导向作用，高校科技成果转化依旧困难。

高校教师主要专注于国家财政主导的纵向课题，偏重于基础理论和科学技术前沿问题研究，追求技术先进和成果新颖，而缺乏对市场的深入调研与发现，主管部门很少明确项目承担方的成果转化责任和期限，也没有将科技成果的转化情况纳入项目评估和考核的指标体系中来，使得高校的科技成果多处在实验室阶段，技术成熟度较低。同时，在对教师的考核与职称评定过程中，科技成果转化的要求较弱。

此外，就企业来看，部分企业为了在短时间内获得收益，往往追求短平快项目，产学研合作周期较短，针对产品及成套技术开发甚至技术路线创新所需的多元和复杂技术创新合作相对较少，面向产业长远发展的关键共性技术创新的合作意愿不足，限制了高校科技成果同市场的深度融合。

目前国内服务于产学研合作的中介服务体系还未建立，权威的知识产权评估和技术转移服务机构还比较缺乏，服务的功能较为单一，专业化明显不足，大多数仅限于"牵线搭桥"式的中介信息服务，远不能满足技术转移和创新扩散的需要。

此外，产学研信息沟通平台有待健全，政府、企业、高校、中介服务机构的信息不对称问题还比较突出，科技资源、人力资源、社会资源、政策资源等还未实现有效共享，高校科技成果同市场需求脱节，成果转化率低、效果不佳。

一般而言，"研究—开发—产业化"的各个阶段都不是一帆风顺的，通过上述分析可以发现，由于目前高校科技成果转化没有充分发挥市场对于科技成果、技术方向、技术路线等的导向作用，科技成果无法摆脱"魔川—死谷—达尔文海"噩梦，从技术到产品再到市场，每一步都是惊险一跳，加之政府、企业、高校、中介服务机构的协同性较差，部分高校科技成果长期处于沉睡状态，部分转化中的科技成果无法满足市场需求，转化率低，部分科技成果由于缺乏知识产权的有效保护，市场收益率较低。

13.4　缺乏人工智能与机器人系统的有机结合

目前人工智能偏向于计算机专业，仅限于数据处理，没有与执行的机器人及智能系统本体结合。人工智能无法独立地应对环境变化，在很多情况下机器人的工作都需要人类监督。同时，人工智能的感知能力还比较弱，只是在数据处理方面的工作比较有优势，但人工智能的分析和理解能力太弱，与人类大脑聚焦相关信息的能力的差距较大。机器人及智能系统的感知和行动智能研究缺乏，没有引起足够重视。

虽然人工智能的发展与应用在中国如火如荼，但我国人工智能产业的创新能力还不够强大，产业发展还依赖开源代码和现有的数学模型，真正属于中国的东西并不太多。特别是在核心算法和相关系统软件方面,人工智能的发展离不开算法、算力,其可以被视为人工智能的核心和关键点。与发达国家相比,中国还有不小的差距。

我们应用的是国外的算法和系统软件,其专业性和针对性还有待提高。另外,由于成本较高,还不能很好满足具体任务的实际要求。比如,用开源代码开发的人工智能算法即使可以准确进行人脸识别,但在对医学影像的识别上却难以达到临床要求。

我国对源自国外的系统软件框架也有较深的依赖,这也是人工智能生态系统的一大"短板"。这可能会减缓 2030 年之前与先进国家缩小人工智能技术差距计划的实施,我国在人工智能相关的基础软件和系统算法方面有待进一步提高。

据《中国机器人产业发展报告(2022 年)》,我国机器人市场规模已经占据全球的三分之一,我国是全球芯片需求量最大的市场,但高端机器人还有不少是从国外进口。核心算法和系统软件的差距,是国产工业机器人向高端制造迈进的"拦路虎"。如果这种情况不改变,我国人工智能应用很难走向深入,也很难获得重大成果。一旦被"卡脖子"将会是非常被动的,所以底层算法和相关软件系统方面也要加强。

人工智能学科的出现与发展不是偶然的、孤立的,它是与整个科学体系的演化和发展进程密切相关的。人工智能是自然智能(特别是人的智能)的模拟、延伸和扩展,既研究"机器智能",也开发"智能机器"。如果把计算机看作宝剑,那么人工智能就是高明灵巧的剑法。

英国科学家图灵于 1936 年提出"理论计算机"模型,被称为"图灵机",创立了"自动机理论"。1950 年,图灵发表了著名论文《计算机器与智能》,明确地提出了"机器能思维"的观点。1956 年夏季,在美国达特茅斯学院,由麦卡锡(McCarthy)、明斯基(Minsky)、香农(Shannon)等发起,由西蒙(Semon)、塞缪尔(Samuel)等参加,举办了关于"如何用机器模拟人的智能"的学术研讨会,第一次正式采用"artificial intelligence"(人工智能)的术语。这次具有历史意义的、为期两个月之久的学术会议,标志着"人工智能"新学科的诞生。在人工智能 60 多年的历史中，先后出现了逻辑学派（符号主义）、控制论学派（联结主义）和仿生学派（行为主义）。符号主义方法以物理符号系统假设和有限合理性原理为基础，联结主义方法以人工神经网络和进化计算为核心，行为主义方法则侧重研究感知和行动之间的关系。这些理论和方法在模式识别、知识工程、专家系统、智能控制、数据挖掘、智能机器人等领域取得了伟大成就，极大地推动了科技进步和社会发展，如医学专家系统、多层前馈神经网络、IBM（International Business Machines Corporation，国际商业机器公司）的国际象棋机器人、日本 Ashimo、我国的主体网格智能平台 AGrIP 等。但这些成果多是对智能的某些方面进行宏观的功能模拟，并未说明到底什么样的符号、什么样的形式化方法能表示人脑的智能体系。尽管有学者研究神经网络，探讨用神经网络方法模拟人脑而产生智能，然而复杂的人脑结构以及未知的工作机理岂是简单的神经网络模型所能表示的。图灵为了证明机器可以具有智能，提出了著名的"图灵测试"，用机器行为解释智能，将智能归为行为，而彭罗斯却认为意识是智能的根本，没有意识就不会有思维，没有思维又何谈智能，因此认为机器不能具有智能。爱丁顿曾提出，大脑是由原子、电子组成的，那么一个普通原子的机械集合体能够成为一个具有思维的机器吗？机器是否可以具有智能一直处于争论中。要想回答这一问题，就要弄清机器的工作机理是否能与人脑的工作机理相似或一致。香农的信息论发表后，人工智能学者受到启发，开始用信息的观点来探讨人脑与智能，直到 20 世纪 90 年代的 BCI（brain computer interface，脑机接口）实验出现，正式证明机器与人脑在信息处理上的机理是一致的，大脑与计算机可以直接进行信息交换，可以互相理解，计算机芯片可以成为大脑的一部分。至此，机器是否可以具有智能的争论告一段落，人工智能的发展出现了新的空间。

人工智能在电子技术方面的应用可以把人工智能和仿真技术相结合，以单片机硬件电路为专家系统的知识来源，建立单片机硬件配置专家系统，进行故障诊断，以提高纠错能力。人工智能技术也被引入到了计算机网络领域，计算机网络安全管理的常用技术是防火墙技术，而防火墙的核心部分就是入侵检测技术。随着网络的迅速发展,各种入侵手段层出不穷,单凭传统的防范手段已远远不能满足现实的需要,把人工智能技术应用到网络安全管理领域,可以大大提高网络的安全性。

实时人工智能是实时系统和人工智能技术相互结合的一个新的研究领域。实时人工智能系统是一种在动态的环境中,能够利用有限的资源来可靠地完成关键性任务的系统。目前大多数人工智能的问题求解系统都试图产生一个完全的精确解,但是在资源限制的状态下,快速地产生一个近似解更有效。Anytime 算法能够折中解的质量和计算时间,是人工智能技术应用在实时环境中的有效技术。由基本的 Anytime 算法构成实时人工智能系统的关键之一是给基本算法分配时间,从而可以获得系统的性能描述,实施有效的实时监控。时间分配算法和爬山算法仅能找到局部最优解,如果组织问题满足局部组织问题的条件,它能够找到最优解。对于不满足局部组织问题的条件的大型组织结构,爬山算法不能保证找到全局最优解。遗传算法适合于寻找全局解,但搜索效率取决于一些关键参数的确定和算子的操作机制选取。人工智能研究的主要目标,就是希望用现代科学技术的手段来扩展人类智能系统的能力,那么以下四个方面就显得十分重要:人工智能技术与生物技术、电子技术结合研究生物电子体,与脑科学、信息处理技术结合研究大脑信息处理模型,与网络技术、软件技术结合研究网络智能软件,与通信技术、控制技术结合研究家庭机器人。生物电子体是生物细胞与电脑微芯片有效协作的共存体,可以实现部分或全部生物的智能,既要研究把模拟生物体的电脑微芯片植入生物体,与生物体形成协作共存体,又要研究从生物体中提取出细胞组织与模拟生物体的微芯片接合为协作共存体。

美国"9·11"事件发生后,机器人第一次被应用到城市搜索和救援工作中,当时到达现场的机器人达到 10 种,仅有 3 种机器人参加了救援任务。事后,许多救援和机器人专家撰写报告和论文分析救援机器人在运动机构、感知系统、智能行为、人机交互等方面存在的问题,并提出了许多宝贵的建议。试想研究生物电子体,有效控制爬行动物在崎岖地面行进,使其为人类服务,可能比研究救援机器人花费的时间和资源更少一些。此外,研究生物脑的基本功能,以构建人工脑并实现人工智能,是一个长期而复杂的课题。尽管人类已经取得了一些进展，但生物脑中许多功能仍然是极其复杂和难以理解的谜题。然而，通过智能技术与生物技术、电子技术相结合，研究实现生物细胞组织与电脑微芯片接合为协作共存体，以达到利用脑细胞功能构建生物智能，即生物电子体，将是实现人工智能研究历程中的一个重要阶段。

大脑信息处理模型的研究即从信息处理切入，结合脑科学研究大脑对信息流的获取、存储、联想（提取）、回忆（反馈）等处理逻辑，以及脑神经细胞的工作原理，并为之建模。BCI 的出现为机器模拟大脑的信息处理机制、产生拟大脑的思维与智能、帮助人类解决复杂问题提供了可能。在 BCI 发展的基础上，结合脑科学和信息科学研究大脑对信息的认知、处理逻辑将会更加受重视。基于目前的科技手段，仅能获得表明某种任务在大脑的反应区域的相关数据，难以观测到随着时间的变化，外界环境向大脑输入的信息是如何流经大脑的，无法检测脑神经元之间反馈连接的工作数据。因此，揭示大脑的奥秘，对大脑获取信息、存储信息、提取信息、反馈信息等一系列过程进行建模，将为人工大脑的研究提供新的机遇，也将是人工智能发展的一个新挑战。

智能主体是智能互联网中的生灵，它是一种智能的软件实体，能够在智能互联网中自由遨游，为用户提供各种智能服务。网络智能软件是面向智能主体的研究方法所设计、开发的软件。网络智能软件技术是网络技术、人工智能技术、软件工程技术的结合。

人工智能的研究目标是认识与模拟人类智能行为。传统人工智能研究往往将研究重点集中于对人类单个智能品质如计算能力、推理能力、记忆能力、搜索能力、直觉能力等的研究与模拟。然而，由于人类智能行为是各种单个智能品质的综合体现，因此传统研究方法往往无法充分刻画或恰当模拟人类的智能行为。把人看成多种智能品质构成的有机整体——智能体（agent），综合考察智能体的各种智能行为与特征，是当前人工智能研究者共同的愿望。

近来，从整体把握人工智能的智能体的研究课题已成为人工智能的热点。有关智能体的理论与技术已被成功地应用于机器人、互联网及各类其他生产实际问题中。由于关于智能体的研究需要综合应用其各分支领域的理论与技术，因此加强这方面的研究将会带动整个人工智能领域的发展。人工智能作为一个整体的研究才刚刚开始，离我们的目标还很遥远，但人工智能在某些方面将会有较大的突破。自动推理是人工智能经典的研究分支，其基本理论是人工智能其他分支的共同基础。一直以来自动推理都是人工智能研究的热门内容之一，其中知识系统的动态演化特征及可行性推理的研究是最新的热点，很有可能取得大的突破。机器学习的研究取得了长足的发展，许多新的学习方法相继问世并获得了成功的应用，如增强学习算法等。同时也应看到，现有的方法处理在线学习方面尚不够有效，寻求一种新的方法，以解决移动机器人、自主、智能信息存取等研究中的在线学习问题是研究人员共同关心的问题，相信不久会在这些方面取得突破。自然语言处理是人工智能技术应用于实际领域的典型范例，经过人工智能研究人员的艰苦努力，这一领域已获得了大量令人瞩目的理论与应用成果。许多产品已经进入了人们的日常生活，可以乐观地认为自然语言处理在今后还将取得更大的进展。

　　智能信息检索技术在互联网技术的影响下，近年来迅猛发展，已经成为人工智能的一个独立研究分支。由于信息获取与处理技术已成为当代计算机科学与技术研究中迫切需要研究的课题，将人工智能技术应用于这一领域的研究是人工智能走向应用的契机与突破口。从近年的人工智能发展来看，这方面的研究已取得了可喜的进展。半个多世纪以来，人工智能发展极其迅速，专家系统、智能控制在短短的 10 余年里就发展成熟。目前的焦点，如分布式和协同式多专家系统、机器学习（知识挖掘和知识发现）方法、硬软件一体化技术以及并行分布处理技术还有 MAS（multi-agent system，多智能体系统）的研究，也有望在短期内成熟。根据人工智能目前的发展态势和现有的规划，人工智能未来的发展必将越来越广泛，越来越深入，越来越快地向着人类智能的方向逼近。

　　人工智能学科的出现与发展不是偶然的、孤立的，它是与整个科学体系的演化和发展进程密切相关的。21 世纪各学科蓬勃发展，高科技层出不穷，人工智能也必将在时代要求下实现与多学科的交叉研究。它将与生

物技术、电子技术、信息技术、网络技术、软件技术、脑科学等研究更加
紧密地结合，打造出具有人类智能水平的智能机器与智能软件。21 世纪
将成为智能革命的世纪，信息时代的特征必将使人工智能的三个分支——
符号主义、联结主义和行为主义，在信息论的启示下达成和谐统一，多学
科的交叉研究与发展必将掀起一场智能技术革命，真正开启人机协同思考
的新纪元。

第 14 章　我国陆空协同多模态智能机器人系统的目标与布局

针对陆空协同多模态智能机器人系统国际发展形势和我国目前存在的问题，提出总体目标、发展布局和发展路线图。

14.1　总　体　目　标

陆空协同多模态智能机器人系统瞄准智能科技、先进制造和国家安全等国家战略需求，贯穿理论与关键技术、核心部件与单元、平台与系统装备，以及军事与社会的系统应用，形成相关技术体系、核心部件产业体系、智能机器人装备体系，以及国防和社会应用体系，从而满足国家安全和经济社会发展战略需求，引领智慧社会发展和新军事变革。

14.2　发　展　布　局

理论与关键技术包括多模态机器人异构重组技术、机器人协同任务实时规划、多尺度感知与信息融合、高动态跨域组织网络理论、智群协作与对抗在线决策等。

14.2.1　多模态机器人异构重组技术

多模态机器人异构重组技术主要是为了提高机器人适应各种复杂环境

和不同的移动作业任务，包括单平台模态变换和多平台组合变形（图14.1）。单平台模态变换指机器人足式运动转变为轮式运动等，轮式平台可以提高机器人的快速移动能力，足式平台可以增加机器人通过复杂环境的通行能力。多平台组合变形指同类型或不同类型机器人组合增加新功能或者提高复杂能力，多平台协作可以根据环境以及任务需求进行物理形态的改变，增强系统的通行作业等功能。

图 14.1　多模态机器人异构重组

14.2.2　机器人协同任务实时规划

多机器人根据自身功能智能协同或自主重构完成军事、救灾、交通等复杂作业任务。相比单个机器人，多机器人系统具备功能模块化、易于扩展、容错性强等特性，在处理复杂、烦琐的任务等方面具备较大的优势。协同系统的效能远远大于单个个体的效能，协同系统主要有以下特性：信息的高度共享、任务的高度整合以及资源的高度优化。多机器人系统的协同不仅可以完成烦琐的任务，同时能够提升完成任务的效率。多机器人系统的优势：可以有效完成复杂烦琐的任务；对于需要分解完成的任务，可以采用多个机器人同时执行，提高执行任务的效率；多个机器人执行任务可以提高完成任务的鲁棒性；多机器人系统可以增加完成任务的方案选择；对于不同任务，多机器人系统可以使每个机器人各显神通。适合多机器人系统协同完成的任务有搜索任务、遍历任务、聚集任务、协作运输等。

14.2.3　多尺度感知与信息融合

多尺度感知与信息融合指对环境、任务对象进行视觉、雷达、红外等多尺度感知，并进行信息融合。感知是机器人与人、机器人与环境，以及机器人之间进行交互的基础。就感知技术而言，除了多传感信息融合依然是研究热点之外，机器人越发呈现出与脑神经科学、生物技术、人工智能、认知科学、网络大数据技术等深度交叉融合的态势。未来的研究方向为主动感知与自然交互理论及方法，更多传感器的加入，使机器人能够理解人类指令（通过声音、手势、图形）。研究复杂动态环境下知识的主动获取、学习与推理方法，视觉认知和基于动态环境的主动行为意图理解及预测理论，机器人的自主学习与机器人知识增殖方法，以及多模态人机协作的态势感知与自然交互方法，实现机器人与人之间相互的意图理解、信息交流，以及自然和谐的情感交互。

14.2.4　高动态跨域组织网络理论

组建陆空多机器人网络通信系统，由空中平台进行广域组网，与地面平台进行动态匹配。

空中平台组网通信是实现空中平台间实时信息传输的通信手段，特殊的应用环境要求通信网络必须保证稳定可靠的信息交互，减少通信的延迟，保证信息交互的实时性。空中平台组网通信可以有效解决传统的蜂窝无线网络覆盖不足的问题，但是组网模式需要根据具体环境和作业条件进行选择。在进行组网通信作业时，数据传输量剧增，静态的频谱分配效率不高，导致机群系统性能下降；空中平台在执行任务时，单机节点受到破坏，退出机群，使得空中平台自组网网络架构和拓扑发生变化，空中平台自组网在满足机群间正常通信需求的同时，需要完成空中平台网络的动态重构。在某些关键操作上，空中平台通信网络还必须保证地面操作员能够对无人机任务进行授权和确认。

14.2.5　智群协作与对抗在线决策

军事、救灾等作业任务会遇到无法事先预知的突发状态，需要系统具有智能决策能力，对突发状态进行智群协作与对抗在线决策（图 14.2）。

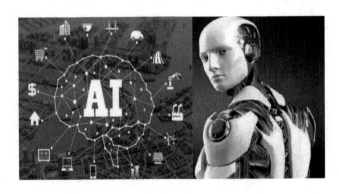

图 14.2　智群协作与对抗在线决策

在执行复杂任务的过程中，尤其是军事和救灾等瞬息万变的情况时，机器人系统会面临很多未知的环境和作业任务。在预先训练和远程协作不能及时应对的情况下，需要机器人识别未知的环境，然后进行自身群体的交互，掌握自主学习和在线决策的能力，通过智群协作来完成未知和突发情况的应对。

1. 核心部件与单元

核心部件与单元包括高爆发驱动、高密度能源、刚柔一体化关节等执行部件与单元；仿生感知单元、自主导航、多维度通信等感知部件与单元；计算单元、智能芯片、网络运算系统等智能部件与单元。

1）执行部件与单元

机器人在陆空环境中实现高动态的通行，需要执行单元具备仿生的运动能力。高爆发驱动是其中的关键执行模块，包括电机、减速器、电液混合伺服等；在进行远程移动和作业时，机器人的能量供给是限制机器人活动的关键一环，开发高密度能源是必不可少的，高密度能源包括新材料电池、快速充放电等；在执行任务过程中需要机器人像人一样不仅要感知和决策，还要能与物理环境进行柔性交互，刚柔一体化关节是其中的关键模块，包括仿生关节、柔性材料等。关键部件如图 14.3 所示。

图 14.3　关键部件

2）感知部件与单元

仿生感知单元包括仿生视觉、触觉、嗅觉等感知，通过多维度地立体感知周围的环境，然后进行信息的融合来实现高保真的环境获取（图 14.4）；自主导航包括激光雷达、红外等，用以机器人的自主定位；多维度通信包括发送接收、抗干扰设备等，可以实现机器人与人或者多机器人之间的相互通信，便于实现机器人班组的协同作业。

图 14.4　仿生感知单元

3）智能部件与单元

计算单元包括主处理器、关节控制器等；智能芯片包括类脑计算、智能感知、仿生芯片等；网络运算系统包括网络芯片、抗干扰设备等。

复杂的环境和突发的状况需要机器人快速地进行决策和应对，在类脑芯片的基础上通过网络运算系统可以实现环境感知和机器人自主决策，然后将控制命令发送至底层的关节控制器来驱动机器人进行运动和执行任务。

2. 平台与系统装备

平台与系统装备包括仿人、四足动物、蛇、小型昆虫等仿生机器人；地面机动平台、飞行器等陆空多域机器人；陆空协同多模态智能机器人通信与指控系统；人机智能融合的协同控制系统等（图 14.5）。

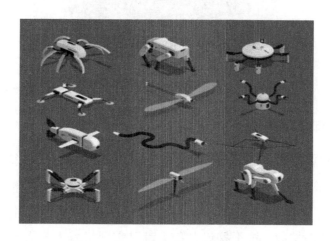

图 14.5　平台与系统装备

1）仿人、四足动物、蛇、小型昆虫等仿生机器人

生物在经过长久的进化后具有适应现有物理环境的形态和运动能力，通过对自然界动物的仿生可以制造适应不同环境和完成不同任务的机器人班组。

2）地面机动平台、飞行器等陆空多域机器人

轮式、腿足、飞行等模态的机器人，轮腿切换等模态可变的单机器人和飞行与地面等多机器人组合变形，组合形成陆空协同可变的多域机器

人，用以实现陆空环境的移动和作业。

3）陆空协同多模态智能机器人通信与指控系统

指控系统是多平台、多终端、多信息的融合，需要内部各系统平台的通力协作，才能更好地实现陆空协同多模态智能机器人系统的移动作业。协同通信是实现各模块之间及其与人之间的网络连接，通过组建陆空协同多模态智能机器人网络通信系统，由空中平台进行广域组网，与地面平台进行动态匹配。

4）人机智能融合的协同控制系统

在人机智能融合的协同控制系统中，关键问题是如何利用人为干预来辅助机器人系统，同时利用机器的自主算法简化人的干预，并降低人机比例。为此，采用改进的人与机器人交互方法，从智能体控制层面进行优化，并通过共享控制实现完全自主化和完全遥控之间的切换。其中共享控制的关键在于利用意图场和自主行为控制的意图，建立人为干预场，并通过共享控制实现一对多的灵活干预控制。通过保证意图场模型稳定性和共享控制器稳定性，以确保共享控制的有效性。未来将实现可调可控的干预指标，以实现鲁棒的共享控制和人机智能融合系统的性能提升。

3. 系统应用

系统应用包括：①城市巷战，组成机器人无人班组，对城市进行侦察与守卫；②灾害救援，在地震或核泄漏等灾后，替代人进入危险环境作业；③立体交通，构建智慧城市立体交通系统，提高人们的出行效率等。

1）城市巷战：组成机器人无人班组，对城市进行侦察与守卫

（1）场景描述：某城市出现军事冲突，面对复杂的城市街巷环境，人员贸然进入现场具有很大的危险性，可采用陆空协同多模态智能机器人系统进入现场进行侦察和守卫（图 14.6）。

图 14.6　城市巷战

（2）所需功能如下所示。快速机动能力：可从外围到达城市区域开展侦察和守卫。复杂环境通行能力：在道路；斜坡、崎岖地面、乱石等废墟；沟壑；涵洞；建筑物内部楼梯、狭窄走廊、竖梯等环境中的通行能力。通信组网：机器人系统之间组成通信网络，同时能够与远端指挥中心开展实时视频连接。侦察与探测：采用空中及地面立体侦察，寻找目标，探察现场情况。守卫：清理障碍、破除混凝土、搬运伤员、运输物资、操作武器等设备。

2）灾害救援：在地震或核泄漏等灾后，替代人进入危险环境作业

（1）场景描述：某地突发地震后，房屋倒塌，路面交通受阻，人员及车辆无法进入现场展开搜索救援，可采用陆空协同多模态智能机器人系统进入灾害现场进行救援（图 14.7）。

图 14.7　灾害救援

（2）所需功能如下所示。快速机动能力：可从外围到达灾害中心区域开展救援工作。复杂环境通行能力：在道路；斜坡、崎岖地面、乱石等废墟；沟壑；涵洞；建筑物内部楼梯、狭窄走廊、竖梯等环境中的通行能力。通信组网：机器人系统之间组成通信网络，同时能够与远端指挥中心开展实时视频连接。侦察与探测：采用空中及地面立体侦察，寻找受困人员，发现火灾、有害气体及液体泄漏源。救援作业：清理障碍、破除混凝土、搬运伤员、运输救援物资。拟人化作业能力：操作人类所用工具、设备，如开门、切断电源、关阀门等。

3）立体交通：构建智慧城市立体交通系统，提高人们的出行效率

（1）场景描述：随着城市人口数量增长，交通拥堵和空气污染将影响人们的正常生活以及经济增长。智慧城市立体交通系统是一个完整的智能共享公共交通体系，陆空协同多模态智能机器人可在立体交通中，实现载人或载物的中、短程飞行（空中旅游、空中救护车等其他交通应用）（图14.8）。

图 14.8　立体交通

（2）所需功能如下所示。陆空两栖通行运载能力：能够搭载乘客或货物实现道路通行和空中飞行，并能够在两者之间实现自动切换。陆空路径自主规划：实现道路无人驾驶和空中自主飞行，根据运输任务自主挑选最快速、安全的路线和航线使乘客或货物到达目的地。突发交通情况应对能

力：基于大数据与云监控，实现交通拥堵、事故等突发情况下地面行驶与空中飞行的智能决策与模式切换。配套保障能力：包括通信监控网络、航站场地、维修中心、充电设施、客运服务设施等。

14.3　发展路线图

14.3.1　近期目标：2025 年

突破多模态机器人异构重组等技术，核心部件与单元实现 80%自主可控，平台与系统装备技术成熟度达到 6 级，实现多平台自主协同任务演示。

14.3.2　中期目标：2030 年

突破机器人协同任务实时规划、多尺度感知与信息融合等技术，核心部件与单元实现 100%自主可控，平台与系统装备技术成熟度达到 8 级，实现立体交通、灾害救援、城市巷战等典型应用演示验证。

14.3.3　长期目标：2040 年

突破高动态跨域组织网络理论、智群协作与对抗在线决策等技术，形成机器人核心部件的产业体系和智能机器人装备体系，实现军事与社会的广泛应用。

第15章 我国陆空协同多模态智能机器人系统发展政策建议

针对我国陆空协同多模态智能机器人系统发展的总体目标和布局,提出如下具体发展建议。

15.1 制定陆空协同多模态智能机器人总体发展规划

面向国家战略需求,制定陆空协同多模态智能机器人系统总体发展规划,抢占制高点。围绕相关国家战略,由主管部门制定《陆空协同多模态智能机器人系统发展政策指南》等文件,对陆空协同多模态智能机器人系统的发展进行顶层设计与整体规划。着眼形成涵盖前沿基础、关键技术、装备/产品开发到成果转化的科技创新全产业链条,通过与国内外高水平研究机构、行业领军企业等组成产学研用联合体,有效汇聚协同创新战略资源力量,探索有效的协同机制,形成资源优势互补的协同发展模式;通过重大需求牵引持续开展系统研究,推动我国基础研究、应用基础研究及其关键技术突破,并有效转化为产业发展优势,从而满足国家安全和经济社会发展战略需求,引领智慧社会发展和新军事变革。

党的二十大报告提出"构建新一代信息技术、人工智能、生物技术、新能源、新材料、高端装备、绿色环保等一批新的增长引擎","增加新域新质作战力量比重，加快无人智能作战力量发展"①。习近平总书记在 2014 年两院院士大会上指出，机器人是"制造业皇冠顶端的明珠"，其研发、制造、应用是衡量一个国家科技创新和高端制造业水平的重要标志。我们不仅要把我国机器人水平提高上去，而且要尽可能多地占领市场。这样的新技术新领域还很多，我们要审时度势、全盘考虑、抓紧谋划、扎实推进。②因此，通过深化科技体制改革、强化战略科技力量、突破智能机器人关键核心技术并实现引领式发展，建立产学研深度融合的技术创新体系，对于贯彻新发展理念，加快建设创新型国家具有极其重大的战略意义。

陆空协同多模态智能机器人及系统将成为第四次工业革命的技术突破口，将引起人类社会的革命性变革。智能机器人能够完成一些通常需要人类智能才能完成的复杂工作，随着其技术不断发展与成熟，必将带来人类社会的革命性变革。陆空协同多模态智能机器人及系统是智慧社会的基石，将带来开启智慧社会、激发人工智能的"头雁效应"。未来的智慧社会必将是信息网络泛在化、基础设施智能化、产业发展数字化、社会治理精细化、普惠服务便捷化的状态。陆空协同多模态智能机器人及系统是引领战争形态变革的战略性技术，将成为智能化战争的颠覆性要素，引发未来战争制胜机理的重大变化。战争历史发展的规律证明技术决定战术，武器发展将引起战术模式变革。陆空协同多模态智能机器人及系统是全球科技竞争的战略焦点，各发达国家竞相制定机器人发展重大战略，我国亟须构筑在这一领域的先发优势，实现引领式发展。当前，我们迎来了世界新一轮科技革命和产业变革同我国经济转向高质量发展阶段的交汇期，既面临着千载难逢的历史机遇，又面临着差距较大的严峻挑战。美国、欧洲、日本等发达经济体将其升至国家战略高度，争相出台相关政策，重点支持机器人产业发展。我国也出台了"新一代人工智能发展规划""制造

---

①《习近平：高举中国特色社会主义伟大旗帜　为全面建设社会主义现代化国家而团结奋斗——在中国共产党第二十次全国代表大会上的报告》，https://www.gov.cn/xinwen/2022-10/25/content_5721685.htm[2023-09-17]。

②《习近平在中科院第十七次院士大会、工程院第十二次院士大会上的讲话》，http://www.gov.cn/govweb/xinwen/2014-06-09/content_2697437.htm[2023-05-25]。

强国建设战略""智能制造与机器人"等重大规划与专项,抢占智能机器人技术制高点。

为了进一步提升我国多模态智能机器人的发展,应该同时在以下几个方面展开和出台相应的政策支持。

15.1.1　加大支持力度

充分发挥工业转型升级等现有资金以及重大项目等国家科技计划(专项、基金)的引导作用,支持符合条件的人工智能标志性产品及基础软硬件研发、应用试点示范、支撑平台建设等,鼓励地方财政对相关领域加大投入力度。

以重大需求和行业应用为牵引,搭建典型试验环境,建设产品可靠性和安全性验证平台,组织协同攻关,支持人工智能关键应用技术研发及适配,支持创新产品设计、系统集成和产业化。支持人工智能企业与金融机构加强对接合作,通过市场机制引导多方资本参与产业发展。在首台(套)重大技术装备保险保费补偿政策中,探索引入人工智能融合的技术装备、生产线等关键领域。

加强统筹规划和资源整合。强化顶层设计,统筹协调工业管理、发展改革、科技、财政等各部门的资源和力量,形成合力,支持自主创新,推动我国机器人产业健康发展;加强对区域产业政策的指导,形成国家和地方协调一致的产业政策体系;鼓励有条件的地区、园区发展机器人产业集群,引导机器人产业链及生产要素的集中集聚。

加大财税支持力度。通过工业转型升级、中央基建投资等现有资金渠道支持机器人及其关键零部件产业化和推广应用;利用中央财政科技计划(专项、基金等)支持符合条件的机器人及其关键零部件研发工作;通过首台(套)重大技术装备保险补偿机制,支持纳入《首台(套)重大技术装备推广应用指导目录》的机器人的应用推广;根据国内机器人产业发展情况,逐步取消关税减免政策,发挥关税动态保护作用;落实好企业研发费用加计扣除等政策,鼓励企业加大技术研发力度、提升技术水平。

15.1.2　加强组织实施

强化部门协同和上下联动，建立健全政府、企业、行业组织和产业联盟、智库等的协同推进机制，加强在技术攻关、标准制定等方面的协调配合。加强部省合作，依托国家新型工业化产业示范基地建设等工作，支持有条件的地区发挥自身资源优势，培育一批人工智能领军企业，探索建设人工智能产业集聚区，促进人工智能产业突破发展。面向重点行业和关键领域，推动人工智能标志性产品应用。建立人工智能产业统计体系，关键产品与服务目录，加强跟踪研究和督促指导，确保重点工作有序推进。

按照党中央、国务院统一部署，由国家科技体制改革和创新体系建设领导小组牵头统筹协调，审议重大任务、重大政策、重大问题和重点工作安排，推动智能机器人相关法律法规建设，指导、协调和督促有关部门做好规划任务的部署实施。依托国家科技计划（专项、基金等）管理部际联席会议，科学技术部会同有关部门负责推进新一代智能机器人重大科技项目实施，加强与其他计划任务的衔接协调。成立智能机器人规划推进办公室，办公室设在科学技术部，具体负责推进规划实施。成立智能机器人战略咨询委员会，研究智能机器人前瞻性、战略性重大问题，对智能机器人重大决策提供咨询评估。推进智能机器人智库建设，支持各类智库开展智能机器人重大问题研究，为智能机器人发展提供强大智力支持。

加强规划任务分解，明确责任单位和进度安排，制订年度和阶段性实施计划。建立年度评估、中期评估等规划实施情况的监测评估机制。适应智能机器人快速发展的特点，根据任务进展情况、阶段目标完成情况、技术发展新动向等，加强对规划和项目的动态调整。

15.1.3　加快人才培养

组织实施机器人产业人才培养计划，加强大专院校机器人相关专业学科建设，加大机器人职业培训教育力度，加快培养机器人行业急需的高层次技术研发、管理、操作、维修等各类人才；吸纳海外机器人高端人才创新创业。

贯彻落实《制造业人才发展规划指南》，深化人才体制机制改革。以多种方式吸引和培养智能机器人高端人才和创新创业人才，支持一批领军人才和青年拔尖人才成长。依托重大工程项目，鼓励校企合作，支持高等学校加强智能机器人相关学科专业建设，引导职业学校培养产业发展急需的技能型人才。鼓励领先企业、行业服务机构等培养高水平的智能机器人人才队伍，面向重点行业提供行业解决方案，推广行业最佳应用实践。把高端人才队伍建设作为智能机器人发展的重中之重，坚持培养和引进相结合，完善智能机器人教育体系，加强人才储备和梯队建设，特别是加快引进全球顶尖人才和青年人才，形成我国智能机器人人才高地。

培育高水平多模态机器人创新人才和团队。支持和培养具有发展潜力的多模态机器人领军人才，加强机器人基础研究、应用研究、运行维护等方面专业技术人才培养。重视复合型人才培养，重点培养贯通机器人理论、方法、技术、产品与应用等的纵向复合型人才，以及掌握"人工智能+"经济、社会、管理、标准、法律等的横向复合型人才。通过重大研发任务和基地平台建设，汇聚机器人高端人才，在若干机器人重点领域形成一批高水平创新团队。鼓励和引导国内创新人才、团队加强与全球顶尖机器人研究机构合作互动。

加大高端机器人人才引进力度。开辟专门渠道，实行特殊政策，实现机器人高端人才精准引进。重点引进神经认知、机器学习、自动驾驶、智能机器人等国际顶尖科学家和高水平创新团队。鼓励采取项目合作、技术咨询等方式柔性引进机器人人才。统筹利用现有人才计划，加强机器人领域优秀人才特别是优秀青年人才引进工作。完善企业人力资本成本核算相关政策，激励企业、科研机构引进机器人人才。

建设机器人学科。完善机器人领域学科布局，设立机器人专业，推动机器人领域一级学科建设，尽快在试点院校建立机器人学院，增加机器人相关学科方向的博士、硕士招生名额。鼓励高校在原有基础上拓宽机器人专业教育内容，形成"人工智能+X"复合专业培养新模式，重视机器人与数学、计算机科学、物理学、生物学、心理学、社会学、法学等学科专业教育的交叉融合。加强产学研合作，鼓励高校、科研院所与企业等机构合作开展机器人学科建设。

15.1.4　优化发展环境

开展机器人相关政策和法律法规研究，为产业健康发展营造良好环境。加强行业对接，推动行业合理开放数据，积极应用新技术、新业务，促进机器人与行业融合发展。鼓励政府部门率先运用机器人提升业务效率和管理服务水平。充分利用双边、多边国际合作机制，抓住"一带一路"建设契机，鼓励国内外科研院所、企业、行业组织拓宽交流渠道，广泛开展合作，实现优势互补、合作共赢。

拓宽投融资渠道。鼓励各类银行、基金在业务范围内，支持技术先进、优势明显、带动和支撑作用强的机器人项目；鼓励金融机构与机器人企业成立利益共同体，长期支持产业发展；积极支持符合条件的机器人企业在海内外资本市场直接融资和进行海内外并购；引导金融机构创新符合机器人产业链特点的产品和业务，推广机器人租赁模式。

营造良好的市场环境。制定工业机器人产业规范条件，促进各项资源向优势企业集中，鼓励机器人产业向高端化发展，防止低水平重复建设；研究制定机器人认证采信制度，国家财政资金支持的项目应采购通过认证的机器人，鼓励地方政府建立机器人认证采信制度；加强机器人知识产权保护制度建设；研究建立机器人行业统计制度；充分发挥行业协会、产业联盟和服务机构等行业组织的作用，构建机器人产业服务平台。

扩大国际交流与合作。充分利用政府、行业组织、企业等多渠道、多层次地开展技术、标准、知识产权、检测认证等方面的国际交流与合作，不断拓展合作领域；鼓励企业积极开拓海外市场，加强技术合作，提供系统集成、产品供应、运营维护等全面服务。

15.1.5　鼓励创新创业

加快建设和不断完善智能网联汽车、智能语音、智能传感器、机器人等智能机器人相关领域的制造业创新中心，设立智能机器人领域的重点实验室。支持企业、科研院所与高校联合开展智能机器人关键技术研发与产业化。鼓励开展智能机器人创新创业和解决方案大赛，鼓励制造业大企业、互联网企业、基础电信企业建设"双创"平台，发挥骨干企业引领作用，加强技术研发与应用合作，提升产业发展创新力和国际竞争力。培育智能机器人创新标杆企业，搭建智能机器人企业创新交流平台。

结合各地区基础和优势，按智能机器人应用领域分门别类进行相关产业布局。鼓励地方围绕智能机器人产业链和创新链，集聚高端要素、高端企业、高端人才，打造智能机器人产业集群和创新高地。开展智能机器人创新应用试点示范。在智能机器人基础较好、发展潜力较大的地区，组织开展国家智能机器人创新试验，探索体制机制、政策法规、人才培育等方面的重大改革，推动智能机器人成果转化、重大产品集成创新和示范应用，形成可复制、可推广的经验，引领带动智能经济和智能社会发展。

建设国家智能机器人产业园。依托国家自主创新示范区和国家高新技术产业开发区等创新载体，加强科技、人才、金融、政策等要素的优化配置和组合，加快培育建设智能机器人产业创新集群。建设国家智能机器人众创基地。依托从事智能机器人研究的高校、科研院所集中地区，搭建智能机器人领域专业化创新平台等新型创业服务机构，建设一批低成本、便利化、全要素、开放式的智能机器人众创空间，完善孵化服务体系，推进智能机器人科技成果转移转化，支持智能机器人创新创业。

15.2 形成陆空协同多模态智能机器人专有开发体系

围绕陆空协同多模态智能机器人核心部件建立专有研发体系，形成类似于汽车、飞机等成熟的产业链体系，从系统需求出发，提出核心部件指标，开展系统性研究。构建新型举行业体制，保持制度优势，下大决心，坚持长期、稳定的研发投入，助力打赢硬核技术攻坚战。建立"卡脖子"核心多模态机器人部件攻关过程合作机制，优化评价激励机制，调动军、民企业单位参与的积极性。

国内的优势在于上游供应商种类齐全，在目前的协作或者工业机器人领域，几乎所有零部件都能够轻易找到国产供应商，国产供应商不仅能带来价格与货期的优势，还能带来各种定制化零部件快速打样的可能，这对于新产品研发节奏的推进是至关重要的。举一个哈默纳科的例子，货期较快的一般都在 3～6 个月，如果需要定制打样，可能前期每封邮件的沟通都是以周为单位计算，没有一个以年为单位的周期是很难拿到实物的，就更别提这类顶级国外供应商打样一般都是以较大的数量作为前提的了。对未来的陆空协同多模态智能机器人这种新兴产业来说，能够快速完成样机研制是至关重要的。所以我们应该大力培养并扶持核心部件供应商，提前布局陆空协同多模态智能机器人所需的关键零部件的研发，形成完备的开发体系以及供应链。

另外国内目前机器人行业下游各类用户繁多，市场是相当广阔，陆空协同多模态智能机器人作为未来机器人发展的方向之一，我们应先将目前的市场生态建设好，只有这样才能在以后掌握住先机。鼓励并引导国内的终端客户与国内的供应厂商进行沟通，并且针对未来的机器人核心部件提出建议和需求，如此形成良性的产业循环才能促进整个行业的进步，产业链上下游紧密结合，才能做出好的产品。零部件供应商专攻工艺制造，由上游系统解决方案供应商进行采购集成并与行业客户进行交互，如此打造出丰富的行业生态才能促进国内机器人行业良性发展。

充分发挥当前中国社会的制度优势，国内的社会运行效率高，上游供应商、下游客户、物流、专利认证与政府相关部门的响应都十分迅速。对于短期内利润不高的技术，应该由政府出面引导开发，整合上下游形成核心多模态机器人部件攻关过程合作机制，优化评价激励机制，调动军、民企业单位参与的积极性。

15.3　加强人工智能与机器人融合

建议发布关于软件智能算法和机器人本体二者并举的理论及关键技术研究计划。加强行业对机器人本体智能的重视程度，将人工智能与机器人感知、行为智能深度融合，使人工智能研究不仅仅停留在数据处理层面，更能与机器人及智能系统硬件系统结合，利用感知与执行机构，自主应对环境变化，完成复杂作业任务。

现如今机器人市场需求快速增长，想要真正做到解放生产力，走向智能化，必须解决的是如何使机器面向人类。特定环境下的特定任务完成已不再是技术难题，解决机器面向多角色、多场景的规模化任务仍是一大挑战。

赋予机器类人思维，让机器展示出像人一样的行为，这是我们渴望人工智能技术做到的事情之一。人工智能包括自然语言处理、语音识别、计算机视觉、机器学习、知识图谱和人机交互等技术，它依赖于海量数据的处理、存储、传输。

机器人作为集成人工智能、机械、电子、控制、传感等多学科先进技术于一体的自动化装备，从应用分类上，可大体分为工业机器人、服务机器人和特殊应用机器人。传统工业机器人的发展使得机器人的硬件基础相对完善，日本、欧洲和美国作为工业机器人制造强国，实现了精密减速器、控制器、伺服电机、传感器等核心零部件完全自主化；中国、韩国虽落后于日本和欧美，但都在加紧布局，持续推动机器人产业硬件基础发展。整个机器人市场规模持续快速增长，各国加紧布局，推动创新政策支持。

为使机器人真正成为减轻人力负担有效又可靠的途径，当今时代背景下机器人既需要继续发展肢体构架等硬件支撑问题，又需要解决赋予其"思维能力"的算法问题，实现其在家庭服务、交通、医疗等多领域的广泛应用。

但现在我国机器人底层技术及基础部件制造处于劣势，核心零部件依赖进口，导致国内机器人企业偏向于系统集成，企业集中在中低端产品，以组装和代工为主，这极大地限制了我国机器人自主发展与创新突破。

底层伺服系统是机器人产业必须用到的关键零部件，在机器人整体硬件成本中占有相当高的比重。目前我国市场上的众多服务机器人如哈工大机器人集团股份有限公司的迎宾机器人威尔、餐饮宾馆服务机器人小智和优必选的 Cruzr 等大多采用性能低端的舵机作为核心驱动元件，在精度、速度、力量、稳定性、寿命、矢量控制各个方面远不及采用工业伺服电机系统的服务机器人。底层伺服驱动、新型伺服电机、高精度减速器等核心技术被国外垄断，严重制约了我国机器人行业的发展。

高集成化的伺服系统研发是机器人底层发展的大趋势，不仅是高端机器人领域的核心技术，还是一次工具革命，极大地驱动了传统制造产业智能化升级。

高集成度的伺服产品综合技术壁垒较高，伺服的难点不仅在把驱动器、电机、减速器等高度集成，最难的是使拥有国际水平的伺服控制技术和电机技术兼容所有硬件。传统机器人厂商多专注于某一核心部件的研发生产，如纳博特斯克、哈默纳科专注于减速器的研制生产，全球四大工业机器人生产商都使用自己生产的控制器加外购伺服电机和减速器来生产自己的工业机器人。这种现象的普遍性使得在市场应用中人们需要从不同供应商处购买非集成化的零部件，导致机器人的兼容性差。另外，传统伺服产品针对中大型工业环境应用，体积较大，厂商忽视中小型伺服市场，大多不开发高集成度的伺服产品。

欧美、日本凭借技术优势和良好的产品性能占据了伺服系统市场的大部分份额，国产替代的道路还是有一定的距离。打破机器人核心零部件国外封锁局面是中国机器人产业的发展重点，对我国改变制造业大而不强的局面有着重要的促进作用，同时也能有效推动高新技术及相关产业的发展。

如果想要取得进一步的发展，我们需要想办法降低成本，让执行器走向商用的关键是在攻克技术难点的同时实现成本和价格的降低，让大家买得起、用得起，推进高端智能机器人产业化落地与大规模商用。

高端服务型机器人的执行器产品是机器人底层硬件基础，需要具有高度集成化、结构紧凑、体积小巧、输出扭矩大、速度适中、安装简单、易于控制、控制精度高的特性，赋予机器人控制关节更高的行动执行能力，提高机器人的安全性和动态性能，使服务机器人能够和人类共同工作和生活。

市场上能找到的类似产品并不多，成本却非常高昂，这使得搭建的机器人产品成本变得非常高昂。Altas 是波士顿动力最新的仿人形机器人，其成本高达 200 万美元；某种程度上代表日本人形机器人最高水平的 Asimo 造价更是在 300 万～400 万美元，无法进入消费市场。其他同类型产品多存在于航空航天及其他顶级机器人的关节驱动等尖端研发领域，根本不对商用市场开放。

通过分析行业现状与技术难题，经过长期的自主创新，达闼科技（北京）有限公司迈开产业化第一步，率先攻克技术难关。其研发核心技术产品智能柔性执行器（smart compliant actuator，SCA）是对传统的工业用刚性执行器的革命性突破，解决了连接多个关节形成各种机器人本体架构问题，解决了服务机器人的关节控制和安全使用的问题；同时，这个执行器已经开始投产，成本低于 150 美元，在大规模量产后，整个机器人的成本将会低于 3 万美元，租赁使用时每月服务成本可以不到 1000 美元，可满足未来商业大规模应用的需求，也为未来机器人规模化生产奠定了基础。

实现算法突破是机器人发展的重要基石，随着底层硬件的不断发展与突破，赋予智能机器人"思维能力"的软件算法也在蓬勃发展，强结合才能真正突破"雾里看花"的隔阂，更加实际地支撑各种应用场景。

人工智能技术是走进商业化的高端服务型机器人灵魂，利用机器学习和数据分析的方法赋予机器类人的能力，重点要让机器能够解决人脑所能解决的问题。数学与工程学是人工智能发展的重要基石，信息论、统计学、控制论、机器学习、深度学习、脑科学与认知科学等学科的发展，多项不同技术交叉融合，同时依赖于海量数据的处理分析，服务型机器人拥有了"大脑""眼睛""嘴巴"等"生理器官"。将机器人的大脑置于云端，在机器人身体和云端大脑之间创建一个安全高速的专网。通过云端大脑运营不同类型的机器人，同时支持机器人在线开发，将机器人认知系统与感知系统连接起来，将机器智能技术与人类智能辅助相结合，实现视觉智能、语言对话智能和机器人运动智能有机融合。

在"大脑"指挥下，机器人"识别"任务内容，以端茶为例："眼睛"看到这是一杯茶，"大脑"操作手臂接近这杯茶，紧接着控制手掌抓握形状、力度、精度等，像人一样端起茶，稳稳地运送至指定位置，放下，完成整个端茶指令。

抓取、点按甚至穿针这样极为精细的动作实现，使得机器人具有比拟人类的服务能力，为智能服务机器人大规模商用奠定基础，可广泛应用在教育、养老、医疗、零售、金融、电信等多个领域。

在大的人工智能发展背景下，机器人产业的发展也将进入一个新的时代。一方面，我们需要将智能机器人打造成为一种通用而非一个公司独有的产品，形成一种标准化产品与技术，带动国内外更多的上下游厂商一起加入产业链，实现协同创新。当前，中国人工智能的功能开发更多地依赖处于入门水平的开源算法，这就意味着在未来发展中，还需要加大应用数学、统计学、仿生学等基础学科的研究投入，开发出真正达到实用水平的算法，这也是众多学术界专家所关注的算法问题。另一方面，想要机器人真正实现服务于人的功能，还需建设一套更高带宽、更高传输速率的"云网络"以满足机器人庞大计算力资源需求。在此基础上，系统集成商与创新机构需要开发出更接近生活的新产品，最终促进整个机器人行业全部产品的换代升级，形成一整套生态体系产品。

机器人产业智能化发展将对传统的迎宾、物流、安防、制造等行业体系产生重大冲击，在这场浪潮中，我们要保持警醒，不断结合新的技术，探索新的应用场景，保持始终如一的以人为本的精神，将人力从重复烦琐性工作中解放出来。但这并不意味着人类社会将迎来大量失业，恰恰相反，有限的人力会被更多地吸收进创造性工作中，人类更多的智力、精力集聚，思想碰撞，将反推科技进步。

人工智能机器人的关键技术——多传感器信息融合技术是近年来十分热门的研究课题，它与控制理论、信号处理、人工智能、概率和统计相结合，为机器人在各种复杂、动态、不确定和未知的环境中执行任务提供了一种技术解决途径。机器人所用的传感器有很多种，根据不同用途分为内部测量传感器和外部测量传感器两大类。内部测量传感器用来检测机器人组成部件的内部状态，包括：特定位置、角度传感器；任意位置、角度传感器；速度、角度传感器；加速度传感器；倾斜角传感器；方位角传感器等。外部测量传感器包括：视觉（测量、认识传感器）、触觉（接触、压觉滑动觉传感器）、力觉（力、力矩传感器）、接近觉（接近觉、距离传感器）以及角度传感器（倾斜、方向、姿势传感器）。多传感器信息融合就是指综合来自多个传感器的感知数据，以产生更可靠、更准确或更全面的信息。经过融合的多传感器系统能够更加完善、精确地反映检测对象的特性，消除信息的不确定性，提高信息的可靠性。融合后的多传感器信息具有以下特性：冗余性、互补性、实时性和低成本性。目前多传感器信息融合方法主要有贝叶斯估计、卡尔曼滤波、神经网络、小波变换等。

　　多传感器信息融合技术是一个十分活跃的研究领域，主要研究方向有单个传感器具有不确定性、观测失误和不完整性的弱点，单层数据融合限制了系统的能力和鲁棒性，对于要求高鲁棒性和灵活性的先进系统，可以采用多层次传感器融合的方法。低层次融合方法可以融合多传感器数据；中间层次融合方法可以融合数据和特征，得到融合的特征或决策；高层次融合方法可以融合特征和决策，到最终的决策。微传感器和智能传感器的性能、价格和可靠性是衡量传感器优劣的重要标志，然而许多性能优良的传感器由于体积大限制了应用市场。微电子技术的迅速发展使小型和微型传感器的制造成为可能。智能传感器将主处理、硬件和软件集成在一起。例如，Par Scientific 公司研制的 1000 系列数字式石英智能传感器，日本日立研究所研制的可以识别 4 种气体的嗅觉传感器，美国 Honeywell 研制的 DSTJ23000 智能压差压力传感器等，都具备了一定的智能。自适应多传感器融合在实际工作中，很难得到环境的精确信息，也无法确保传感器始终能够正常工作。因此，对于各种不确定情况，鲁棒融合算法十分必要。现已研究出一些自适应多传感器融合算法来处理传感器的不完善带来的不确定性。例如，有学者通过革新技术提出一种扩展的联合方法，能够估计单个测量序列滤波的最优卡尔曼增益。还有学者研究出一种可以在轻微环境噪声下应用的自适应目标跟踪模糊系统，它在处理过程中结合了卡尔曼滤波算法。

　　人工智能机器人的关键技术——导航与定位。在机器人系统中，自主导航是一项核心技术，是机器人研究领域的重点和难点问题。导航的基本任务有三点。①基于环境理解的全局定位：通过环境中景物的理解，识别人为路标或具体的实物，以完成对机器人的定位，为路径规划提供素材。②目标识别和障碍物检测：实时对障碍物或特定目标进行检测和识别，提高控制系统的稳定性。③安全保护：能对机器人工作环境中出现的障碍和移动物体做出分析并避免对机器人造成损伤。机器人有多种导航方式，根据环境信息的完整程度、导航指示信号类型等因素的不同，可以分为基于地图的导航、基于创建地图的导航和无地图的导航三类。根据导航采用的硬件可将导航系统分为视觉导航和非视觉传感器组合导航。视觉导航是利用摄像头进行环境探测和辨识，以获取场景中绝大部分信息。目前视觉导航信息处理的内容主要包括：视觉信息的压缩和滤波、路面检测和障碍物检测、环境特定标志的识别、三维信息感知与处理。非视觉传感器导航是指采用多种传感器，如探针式、电容式、电感式、力学传感器、雷达传感器、光电传感器等，共同探测环境，对机器人的位置、姿态、速度和系统内部状态等进行监控，感知机器人所处工作环境的静态和动态信息，使机器人相应的工作顺序和操作内容能自然地适应工作环境的变化，有效地获取内外部信息。

15.4　打通技术、产业与应用的生态链

　　整合科研院校、高科技企业等创新资源，开展研发攻关、建立共享机制。加强科研单位与上下游企业深度合作，以核心技术攻关能力和工程化集成能力的突破为核心，通过有机协同领域上下游创新资源，完善机器人及智能系统创新链和产业链，构建先进军民融合机器人及智能系统产业。

　　整合行业协会、产业链骨干企业、相关科研院所的资源和优势，重点开发具有基础性、关联性、系统性、开放性的关键共性技术，组建上下游

紧密协作、利益共享的机器人集成创新平台，破除制约行业高端化发展的重大技术瓶颈。

密切跟踪全球智能机器人行业最新发展动态，顺应个性化定制和柔性化生产的发展趋势，提高机器人安全性、易用性和环境适应性，研究布局全自主编程工业机器人、人机协作机器人、双臂机器人等新一代智能机器人，抢占产业发展制高点。

进一步提升国家机器人检测与评定中心检测业务的专业化水平，着力开展机器人基础标准、相关产品标准、检测评定方法标准的研究和制修订工作，重点针对机器人人工智能、人机交互等方面的检测开展基础性研究工作和实践操作，填补相关领域空白。进一步提升中国机器人认证的认知度和公信力，以国家机器人检测与评定中心和机器人检测认证联盟为依托，有针对性地研发认证项目、制订认证方案，并积极开展相关国际交流，不断提升自主化、专业化的认证技术水平，建立我国机器人质量评定依据，健全机器人质量认证体系。通过引导征信机构采信有关检测认证信息，实现社会共治和部门协同监管，建立公平的市场竞争环境，推动行业健康有序发展。

15.4.1 加强产业发展指导

各级发展改革部门要统筹考虑产业基础、人才资源、市场需求等要素条件，科学谋划、理性布局，有序推进产业发展，防止低水平重复建设。行业协会、产业联盟、国家机器人检测与评定中心等要加强产业运行监测分析，强化行业数据资源积累、管理、分析和应用，建立行业第三方服务供给与企业业务需求的高效对接通道，为行业发展提供指引，为企业发展提供咨询，合理引导社会资本投向。

15.4.2 优化资金支持方式

统筹利用国家相关专项资金，支持智能机器人重大核心技术攻关、关键共性技术平台建设和重点领域示范应用。地方政府可结合本地实际制定配套支持政策，支持本地智能机器人关键技术产业化重大项目。积极推动先进制造产业投资基金等政府出资产业投资基金加大对智能机器人产业的支持力度，引导带动社会资本投入，加快推动智能机器人关键技术产业化实现突破。鼓励各类金融机构创新业务模式，加大对智能机器人产业的扶持力度。

15.4.3　统筹检测认证工作

依托国家机器人检测与评定中心的组织架构，加强有关部门、行业协会与国家机器人检测与评定中心的工作对接，统筹推进我国机器人行业标准检测认证体系建设。充分发挥质量基础设施的平台性作用，通过建立和执行统一的技术标准和认证实施规则，不断提升自主品牌机器人产品质量特别是安全性、可靠性水平，全面支撑我国智能机器人产业有序健康发展。

15.4.4　完善产业发展环境

制定完善机器人认证采信制度，积极推动认证结果在国家有关专项、金融信贷、税收减免等领域的采信使用。积极推动将机器人质量认证信息纳入全国信用信息共享平台，通过质量和信用信息的互通共享引导市场行为，实现行业自律和社会共治。严格执行招投标管理有关规定，禁止设立限制自主品牌机器人参与投标或其他的歧视性条款。

15.4.5　强化组织协调管理

国家发展和改革委员会会同有关部门加强对方案实施的组织协调，委托有关单位建立方案实施的跟踪评估机制，及时协调解决实施过程中的问题。各级发展改革部门要对本地区项目建设情况进行动态监管，健全日常管理和随机抽查制度。

15.4.6　加强国际交流

结合"一带一路"倡议等重大战略实施，推动建立智能机器人产业对话交流平台，构建国际合作长效机制，促进机器人产业技术和资本的国际交流，重点围绕智能机器人标准制定、认证制度、知识产权、人才培养、产品示范应用等方面开展战略合作。鼓励国内机构积极参与制定国际标准和认证规则，加快推进标准对标，适时开展认证互认。

15.5　培养交叉领域人才队伍

针对陆空协同多模态智能机器人的基础理论、关键技术，完善领域学科布局，设立机器人专业，推动机器人领域一级学科建设，增加机器人相关学科方向的博士、硕士招生名额。鼓励高校在原有基础上拓宽机器人专业教育内容，重视机器人与数学、计算机科学、物理学、生物学、心理学、社会学、法学等学科专业教育的交叉融合。加强产学研合作，鼓励高校、科研院所与企业等机构合作开展机器人学科建设。

当代科学技术的发展异常迅猛，电子科学、材料科学、能源科学、海洋工程、信息科学以及核工业、宇航工业等方面出现了重大技术突破，科技"生长点"骤增，"横跨度"出现，"结合部"延伸，"反馈系数"加大，不但在时代背景意义上促进了当代社会科学新学科的迅速发展，而且科学技术已直接和社会科学发生了交叉渗透，大大扩大了社会科学的研究范围，直接把科学和科学活动的发展规律及其社会影响作为学科研究的对象，促进了科学学这门综合性科学的诞生。科学学研究自然科学在社会历史发展中的地位和作用，从总体上研究现代科学知识体系，研究科学的社会形成过程，确定科技发展的具体任务和途径，逐步形成一个完整的科学教育系统，制定科学发展的战略、策略和各项科学政策，从而为掌握和运用科技发展的客观规律为科研的组织管理提供最佳的理论和方法。科技内容的引进，引申出科学哲学、科学法学、科学经济学和科学社会学等一系列新兴学科。科学哲学研究科学的性质以及科学与非科学的界限问题、科学和科学认识过程的形式与要素、科学认识的程序、科学理论的结构和科学解释的逻辑、科学的检验逻辑和发现逻辑、科学理论的发展和变革以及社会因素对科学认识发展的影响，有利于探索科学发展的内在逻辑、认识因素和哲学原理，指导科技政策制定，加强科学研究管理。科技发展对传统法学也提出了新问题，如领海的宽度问题、大陆架内资源问题、公海生物养护问题、海洋污染问题、领土上空的主权问题、核试验尘埃问题等，研究科技对法律的影响以及如何运用法律手段来适应科技发展的客观需要，使科学法学破土而出。科学经济学研究科学进步和经济发展的关系，加速科学向生产力转化，探索计算、评价科研成果经济效益的途径，以及科学规律和经济规律共同支配下的科研活动的组织管理原则和方法。科学社会学则把科学研究活动看作一种社会活动，探讨科学与社会的相互联系、科学的社会特性、科学群体和科学构成，以便为科技发展提供最佳的社会条件。可以这样说，科学技术的发展催生了社会科学的新学科。

学科交叉融合是科学技术发展的必然趋势和主流方向。重大科研创新项目需要多学科、多专业的整合、联合攻关才能解决。交叉学科的发展对于高校学科建设培养新的增长点，提升高校核心竞争力具有重要意义。自然科学与人文社会科学相互渗透、自然科学各学科之间规划整合，形成科学发展的必然需求。《国家中长期科学和技术发展规划纲要（2006—2020年）》强调"加强基础科学和前沿技术研究，特别是交叉学科的研究"。教育部《关于加强国家重点学科建设的意见》中也强调要"促进学科交叉、融合和新兴学科的生长"。我国与发达国家的交叉学科的教育和建设存在很大差距，交叉学科建设远不能满足科技创新需求，交叉学科的建设发展如今已经成为高校发展的重要诉求。学科的交叉融合是学科建设及科学研究发展的热点和必然趋势，多学科交叉融合比单一学科建设具有更广阔的发展空间，学科在进一步分化的同时，已走上了高度融合的道路，只有交叉融合多种学科资源，打破原有的学科瓶颈，还原科学技术以整体化，才能使学科建设得到长足发展。

　　多学科的形成和发展使得拥有相对独立的知识体系的学科之间的界限逐步被打破,交叉学科应运而生。交叉学科是指由不同的科学门类、领域、学科相互渗透、融合,凭借对不同学科的整合、思想交叉重组、理论渗透借鉴移植等方法,从对象多角度全方位进行体认和再现后形成的新兴学科。交叉学科知识是多学科知识的融合、交叉、渗透,具有复杂和综合的特色。科学研究领域很多研究难题的突破或创新成果的取得,大都需要交叉学科知识的推动,在集合多学科交叉、渗透、综合的过程中寻找到研究的突破口,从而找到解决问题的关键所在。交叉学科的建设,不是简单地将几门学科机械式叠加,其学科体系的构建是让同学科的各分支体系和多学科之间交叉重组、多学科多方向的研究者相互协作、集合多学科的研究和思维方法、跨学科多角度全方位联合并用等。交叉学科建设可为高等学校人才创新能力培养奠定基础,提高研究生的学术和科研水平。交叉学科课程的开设,致力于培养学生的现代科研思维能力,增强他们对学科知识的把控能力和科学研究的适应能力,形成以专业知识为核心,向外融合多学科知识处理问题的网络结构。综合起来说,交叉学科的研究生培养模式有如下几个特征。①知识多元性。交叉学科建设是要以多个学科(两个或以上)的知识体系结构框架作为主要学习内容,课程的设置需要综合考虑相关学科之间的交叉性、相容性、结合性,以培养具有复合型知识和创新型能力,能解决社会中多学科交叉问题的高层次人才作为培养目标,进行有针对性的培养。②问题导向性。交叉学科建设既适应了社会和科技发展的需求,又代表了科学研究发展的先进水平。美国是最早采用交叉学科教育培养模式的,到目前来说,其发展已日渐成熟,为后续采用交叉学科建设培养人才队伍的机构提供了经验。交叉学科建设产生的主要根源及目的就是解决综合性的社会问题,如环境问题、人口问题、能源问题等。③协同创新性。交叉学科建设,往往需要跨学校、跨院系、跨学科的协作来完成。这种培养模式不仅需要校级层面的大力支持和资源匹配,也需各院系、各学科参与课程教学、教师指导、学生配合等各个环节的协同创新。与单一学科的研究生培养模式不同的是,交叉学科研究生培养模式的成效与协同创新的程度直接相关。④开放流动性。交叉学科建设的开放性体现在需要广泛汲取其他学科的知识和相关信息，流动性在于汲取了相关学科的有利信息并进行高度整合后需要有选择性地释放信息，促成知识信息的流动。

15.5.1　学科单一对硕士研究生创新能力培养的制约

国内各大高校输出的硕士研究生呈现出的一个严重问题就是创新能力较差，学术科研水平有待提高。概括起来说，影响高校研究生创新能力获得的因素主要有：创新观念薄弱、创新教育体系不完善、导师队伍建设滞后、科研经费不足等，还有一个制约因素需引起重视，那就是单一学科建设培养模式。其具体表现在：①学生来源受限，研究生的来源很多来自本校应届毕业生，受本校教学体制的影响，知识结构体系单一；②导师专长有限，研究生导师很多只专长其专业的某一方面，并且培养方式单一，这不利于学术思想的解放，限制了新观点、新思想与跨专业、多角度的交流；③课程设置单一，现有研究生课程体系的设置比较注重学科的系统性和理论性，侧重掌握专业研究的基础性知识，而对学科的前沿性、交叉性、实践性的课程设置较少，这样限制研究生们的眼界，不利于知识结构拓展，体现不出宽口径的培养优势；④课程评估体系单一，研究生课程教学的评价忽略对学生其他能力的评估，很多仍以考试成绩作为评价标准，从而限制了学生整体综合素质的发展。

15.5.2　交叉学科建设在研究生创新能力培养中的作用

开展交叉学科建设，不仅能使学生接触科学前沿，产出新的重大科学成就，而且有利于解决人类面临的重大复杂的社会和全球性问题。交叉学科发展建设也将促成新的科学领域开拓，为科学的发展提供动力。学科交叉建设在研究生的创新能力培养中具有重要作用，具体表现为：①交叉学科有利于拓宽研究生的知识面。这是由交叉学科涉及的多学科知识体系所决定的。②交叉学科有利于培养研究生的综合科研能力。交叉学科可以集合不同学科研究思维，高度综合各学科的研究方法，形成一种独特的科研能力。③交叉学科有利于培养研究生的创新能力。多学科思想、观点、方法的碰撞产生新的火花，得出新的创造性的结论，解决综合性的科研难题。④交叉学科有助于研究生的科研选题。交叉学科的综合性与复杂性带来很多有价值的研究课题，有利于研究生在科学的前沿从事科学研究。

15.6　开展示范性工程建设

与军事、航天、消防、地震等部门合作，推动陆空协同多模态智能机器人系统军用、航天和救援示范基地建设，推动中国机器人救援行业指导标准制定。借助我国主导政府间合作战略与机构（"一带一路"倡议、中非合作论坛、上海合作组织、亚洲基础设施投资银行等）推广我国陆空协同多模态智能机器人系统技术与相关产品，推动中国技术全球布局。

15.6.1　着力推进应用示范

陆空协同多模态智能机器人系统实现核心技术突破后，将全面带动相关产业链发展：在智能机器人核心部件方面，形成自主可控的产业链，所构建的部件体系可用于通用机器人及工业机器人，形成百亿级的市场应用。在军事应用方面，能够形成智能机器人装备体系，成为智能化战争的颠覆性武器。在社会应用方面，能够全方位地融入智慧社会，应用于智慧医疗、教育、家居、交通、制造等领域，服务国计民生。

为满足国家战略和民生重大需求，加强质量品牌建设，积极开展机器人的应用示范。围绕制造业重点领域，实施一批效果突出、带动性强、关联度高的典型行业应用示范工程，重点针对需求量大、环境要求高、劳动强度大的工业领域以及救灾救援、医疗康复等服务领域，分步骤、分层次开展细分行业的推广应用，培育重点领域机器人应用系统集成商及综合解决方案服务商，充分利用外包服务、新型租赁等模式，拓展工业机器人和服务机器人的市场空间。

15.6.2　积极培育龙头企业

引导企业围绕细分市场向差异化方向发展，开展产业链横向和纵向整合，支持互联网企业与传统机器人企业的紧密结合，通过联合重组、合资合作及跨界融合，加快培育管理水平先进、创新能力强、效率高、效益好、市场竞争力强的龙头企业，打造知名度高、综合竞争力强、产品附加值高的机器人国际知名品牌。大力推进研究院所、大专院校与机器人产业紧密结合，充分发挥龙头企业带动作用，以龙头企业为引领形成良好的产业生态环境，带动中小企业向"专、精、特、新"方向发展，形成全产业链协同发展的局面。

加快培育多模态机器人产业领军企业。在无人机、语音识别、图像识别等优势领域加快打造多模态机器人全球领军企业和品牌。在智能机器人、智能汽车、可穿戴设备、虚拟现实等新兴领域加快培育一批龙头企业。支持多模态机器人企业加强专利布局，牵头或参与国际标准制定。推动国内优势企业、行业组织、科研机构、高校等联合组建中国多模态机器人产业技术创新联盟。支持龙头骨干企业构建开源硬件工厂、开源软件平台，形成集聚各类资源的创新生态，促进多模态机器人中小微企业发展和各领域应用。支持各类机构和平台面向多模态机器人企业提供专业化服务。